丛书出版获以下项目支持

国家社会科学基金重大项目“大数据环境下信息价值开发的伦理约束机制研究”（17ZDA023）
国家社会科学基金一般项目“开源运动的开放共享伦理研究”（17BZX022）
中央高校基本科研业务费项目“大数据伦理问题及其对策研究”
大连理工大学学科建设项目“人工智能伦理问题研究”

互联网、大数据与人工智能伦理丛书

本书系国家社会科学基金重大项目“大数据环境下信息价值开发的伦理约束机制研究”（17ZDA023）阶段性成果

机体哲学视野中的人机关系

于　雪　王　前/著

HUMAN-MACHINE RELATIONS FROM THE PERSPECTIVE OF PHILOSOPHY OF ORGANISM

科　学　出　版　社

北　京

内 容 简 介

本书基于以“生机”为核心的机体哲学视野剖析当代社会中的人机关系，在机体哲学的框架中展开对人机关系的结构分析、演进分析和伦理分析。本书提出了相互依赖、相互渗透和相互嵌入的人机关系递进结构模型，并以功能-意向-责任为框架，分析其中的转移路径和演进规律，透视由此引发的伦理风险、伦理决策和伦理能动性问题，并基于机体哲学的立场为人机关系的未来发展趋势提供哲学思考。

本书可供科技哲学、科学社会学、伦理学等相关专业及关注人工智能时代人机关系的读者阅读参考。

图书在版编目（CIP）数据

机体哲学视野中的人机关系/于雪，王前著. —北京：科学出版社，2022.2

（互联网、大数据与人工智能伦理丛书）

ISBN 978-7-03-071444-2

Ⅰ.①机… Ⅱ.①于… ②王… Ⅲ.①人-机系统-研究 Ⅳ.①TB18

中国版本图书馆 CIP 数据核字（2022）第 024957 号

丛书策划：侯俊琳 邹 聪

责任编辑：邹 聪 宋 丽 / 责任校对：韩 杨

责任印制：徐晓晨 / 封面设计：有道文化

科学出版社出版

北京东黄城根北街 16 号

邮政编码：100717

http://www.sciencep.com

北京建宏印刷有限公司印刷

科学出版社发行 各地新华书店经销

*

2022 年 2 月第 一 版 开本：720×1000 B5

2022 年 2 月第一次印刷 印张：13

字数：200 000

定价：98.00 元

（如有印装质量问题，我社负责调换）

互联网、大数据与人工智能伦理丛书
编　委　会

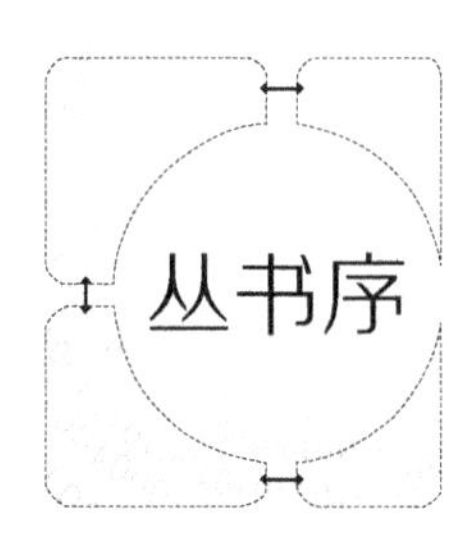

丛书序

互联网、大数据与人工智能是当代及未来发展的驱动力。互联网拓展了人类的生存空间，大数据是 21 世纪的“新石油”，人工智能成了社会发展的引擎。世界各国纷纷将互联网、大数据与人工智能的发展上升至国家发展战略层面。同时，互联网、大数据与人工智能的发展面临诸多现实的伦理和法律问题，如网络安全、个人隐私、数据权益和公平公正等。关于这些问题的伦理学研究常常是制定相关法律法规和政策的前置议程。我国在制定互联网、大数据与人工智能发展战略时，也极其重视伦理和法律问题的研判与应对。

2015 年 7 月，国务院发布《国务院关于积极推进“互联网+”行动的指导意见》，要求加快“互联网+”相关立法工作，落实加强网络信息保护和信息公开的有关规定，加快推动制定网络安全、个人信息保护、互联网信息服务管理等法律法规，逐步完善相关标准规范、信用体系和法律法规。

2015 年 8 月，国务院发布《促进大数据发展行动纲要》，高度重视数据共享、数据安全和隐私保护。《促进大数据发展行动纲要》要求明确数据共享的范围边界和使用方式，厘清数据共享的义务和权利，加强安全保障和隐私保护，界定个人信息采集应用的范围和方式，明确相关主体的权利、责任和义务，加强对国家利益、公共安全、商业秘密、个人隐私、军工科研生产等信息的保护，加强对数据滥用、侵犯个人隐私等行为的管理和惩戒，推动数据资源权益相关立法工作。

2017 年 7 月，国务院发布《新一代人工智能发展规划》，对人工智能伦理问题研究提出了明确要求，将人工智能伦理法律研究列为重点任务，要求开展跨学科探索性研究，推动人工智能法律伦理的基础理论问题研究。《新一代人工智能发展规划》指出人工智能可能冲击法律与社会伦理、侵犯个人隐私、挑战国际关系准则，要求加强前瞻预防与约束引导，最大限度地降低风险，确保人工智能安全、可靠、可控发展。最引人注目的是，《新一代人工智能发展规划》关于人工智能伦理和法律制定了三步走的战略目标：到 2020 年，部分领域的人工智能伦理规范和政策法规初步建立；到 2025 年，初步建立人工智能法律法规、伦理规范和政策体系；到 2030 年，建成更加完善的人工智能法律法规、伦理规范和政策体系。

技术发展与社会环境息息相关。在大力发展高新技术的同时，必须高度重视可能的社会风险和伦理挑战，必须加强技术伦理学研究。技术伦理学是规范性的，也是建设性的。技术伦理学研究旨在揭示技术发展面临的伦理难题，为技术发展清理路障，同时为技术发展提供价值指引，确保技术在造福人类的轨道上发展。

随着互联网、大数据与人工智能对人类社会影响的普遍化，其伦理问题不再只是寓于哲学伦理学圈内的议题，已成为政界、业界、学界和公众高度关注的公共话题。对这些问题的研究也不再局限于哲学伦理学方法，搭建多学科交叉研究和交流的平台势在必行。

李伦教授主编的这套丛书是搭建这种平台的一种尝试。这套丛书将运用伦理学、法学、社会学和管理学等的理论与方法，关切人类未来，聚焦互联网、大数据与人工智能面临的现实问题，如网络内容治理问题、网络空间数字化生存问题、数据权和数据主权问题、隐私权和自主权问题、数据共享和数据滥用问题、网络安全和信息安全问题、网络知识产权问题、大数据价值开发的伦理规范问题，以及人工智能的道德哲学、道德算法、设计伦理和社会伦理等问题，并为治理互联网、大数据与人工智能的伦理问题提供对策建议。

郭东明

中国工程院院士、大连理工大学校长

2018 年 12 月

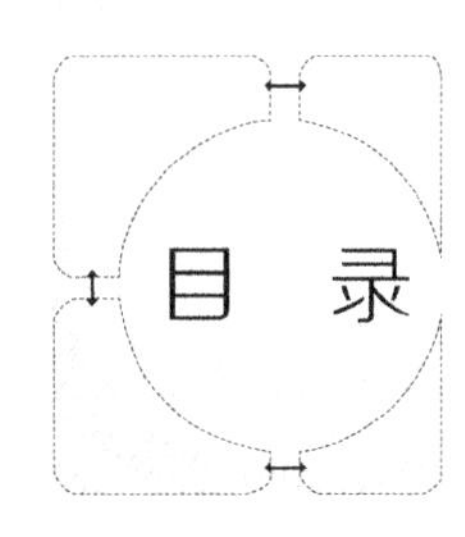
目 录

第一章 绪 论

机器的发展与应用极大地丰富了人类的社会生活，同时也带来了人与机器之间需要协调的各种问题。从原始的手工工具，到近代工业革命的大生产机器，再到信息时代的智能机器，伴随着机器类型和功能的不断更迭，人与机器的关系也愈加复杂。人与机器之间既有相互对立的一面，也有相互适应以至相互嵌入的一面。这种复杂的人机关系给人们的社会生活和精神世界造成了哪些深远影响？可能出现哪些需要及时化解的风险？人们应该采取哪些应对措施？这些问题不仅是重要的社会历史问题，更是当代技术哲学亟须解决的现实问题。本书正是立足于这样的时代背景，试图阐释当代人机关系的困境与出路。

第一节 何谓人机关系?

人和机器的关系问题一直是哲学研究关注的焦点之一。所谓的人机关系，通常指的是人和机器之间的关系。一般意义上，机器不同于工具，表示由各种零件组合而成的具有特定用途的整体装置[①]。实际上，机器的内涵与界定是随着机器的发展而不断变化的，不同语境下人们对机器的理解也有所不同。人机关系研究与机器自身发展密不可分，并且能反映出不同时期的时代特征及不同文化背景下的思想发展轨迹。

“机器”一词的英文为 machine。machine 一词的原始印欧语（Proto-Indo-European）词根是 māgh，原意是“有能力、能够”。在 māgh 的基础上添加后缀-os，形成了古希腊语中的 mēkhos（阿提卡方

① 王前. 关于“机”的哲学思考. 哲学分析，2013，4（5）：137-143.

言，Attic Greek）与 mākhos（多利安方言，Doric Greek），表示“设备、器物”。mākhos 一词随后演化为拉丁文中的 māchina，表示某种发明出来的东西，后经由古法语，最终演化为 machine。它的同源动词的意思是“通过技艺来制作、建构，通过技巧或精巧来谋划”[①]。在工程学研究中，机器被定义为“一个闭合的运动链条”或者“各种相抵抗的物体精妙地结合在一起，以至于借助它们，自然的各种机械力可以伴随着某些确定的运动而强制做功”[②]。相比于工具而言，机器比较复杂，一般不需要人力直接驱动，但是需要在人类的指导下完成工作。机器最明显的特征是机械化，通过精密复杂的运行，实现功能的输出。机器的机械化特征和人类的有机化特征相互作用、相互影响，从而展现了人机关系的不同格局。

对人机关系的本质认识，实际上讨论的是人和机器（生物和机械）之间是否具有可类比性。关于这一问题的争议可以归结为“人像机器”还是“机器像人”，其背后折射出的深层次争论便是机械论的世界观与机体论的世界观之间的分歧。

所谓“人像机器”，指的是用机器模型解释人类的存在方式和社会发展的机制。这种观点可以追溯到笛卡儿提出的“动物是机器”的观点，而后经由法国哲学家朱利安·奥夫鲁瓦·德·拉美特利（Julien Offroy de La Mettrie）发展为比较极端的“人是机器”的观点。“人是机器”的观点强调人机功能等价，即人和机器的功能相同，在某种程度上可以相互替换。人机等价的逻辑表达式是“人=机器”，这一概念的提出标志着人类借助机器模型进行自我认识的开端。随着机器自身的不断发展，人类借助机器模型进行自我认识也经历了不同的阶段。从 17 世纪、18 世纪的“钟隐喻”到 19 世纪的“热机隐喻”，再到 20 世纪以后的“计算机隐喻”，其关键词从“力”变为“能”，再到“信息”[③]。“人是机器”的观点在当下也有了新的诠释，衍生出“计算主

---

① 孙复初. 新英汉科学技术词典. 北京：国防工业出版社，2009：1239.

② 卡尔·米切姆. 通过技术思考：工程与哲学之间的道路. 陈凡，朱春艳译. 沈阳：辽宁人民出版社，2008：229.

③ 郦全民. 机械论与哲学化的机器. 自然辩证法通讯，2008，30（3）：21-25.

义”这一新的世界观。计算主义将人类的智能和心灵看作一台巨大的计算机，其活动过程就是计算机运行的过程，二者功能等价。阿兰·M. 图灵（Alan M. Turing）认为，人的大脑应当被看作一台离散计算机。尽管大脑的物质构成和计算机的物质构成完全不同，但它们的本质是相同的[①]。在图灵的影响下，赫伯特·A. 西蒙（Herbert A. Simon）和艾伦·纽厄尔（Allen Newell）进一步指出，人类大脑和计算机尽管在结构和机制上全然不同，但是在抽象意义上具有共同的特征：人类大脑和被恰当编程的数字计算机可被看作同一类装置的两个不同的特例，它们都通过用形式规则操作符号来生成智能行为。计算主义不仅将人类智能活动看作计算过程，更是将生命的本质看作计算。与图灵同一时期的约翰·冯·诺依曼（John von Neumann）通过对元胞自动机（cellular automata，CA）的重新思考，在 1953 年构造出一个能自我复制的逻辑机器模型。于是，在他看来，机器的自我复制功能就和生命的自我繁殖功能等价了，生命也就和机器等价了[②]。1994 年，美国科学家伦纳德·M. 阿德曼（Leonard M. Adleman）在《科学》杂志上发表了关于 DNA 的计算机理论，通过把图灵机与生物细胞内 DNA 自我复制过程进行比较，提出了“细胞就是计算机”的思想。计算主义的下一个发展阶段是将世界的本质也看作计算[③]。2002 年，斯蒂芬·沃尔夫拉姆（Stephen Wolfram）出版了《一种新科学》（*A New Kind of Science*）一书。在这本书中，他通过大量的计算机实验和理论分析，将宇宙看作一个巨大的三维元胞自动机、一个巨型的计算系统[④]。2006 年，美国量子学家赛斯·劳埃德（Seth Lloyd）出版了影响广泛的《编程宇宙：一个量子计算机科学家对宇宙的研究》（*Programming the Universe: A Quantum Computer Scientist Takes on the Cosmos*）一书。书中指出宇宙是一个巨大的量子计算机，我们自己和

---

① Turing A M. Computing machinery and intelligence. Mind, 1950, 59 (236): 433-460.

② Neumann J, Burks A W. Theory of Self-reproducing Automata. Champaign-Urbana: University of Illinois Press, 1966.

③ Adleman L. Molecular computation of solutions to combinatorial problems. Science, 1994, 266 (5187): 1021-1024.

④ Wolfram S. A New Kind of Science. Champaign-Urbana: Wolfram Media, 2002.

我们周围出现的一切都是这个量子计算机计算的结果[①]。计算主义是人机等价思想的当代诠释，它将人类智能与机器智能等价，将生命过程与计算过程等价，将宇宙系统与计算系统等价。受计算主义影响的新的世界观可以被称为泛计算主义（pan-computationalism）或自然计算主义（naturalist computationalism）[②]。这种机械论的世界观在受到越来越多关注的同时，也带来了越来越多的挑战。

而“机器像人”的观点则意味着用机体模型解释机器的结构和运行机理，这是关注于机器的有机特性。在“人像机器”的机械论世界观盛行的19世纪和20世纪，同样有一批技术哲学家将目光投向了“机器像人”的技术有机论，先后有恩斯特·卡普（Ernst Kapp）的“器官投影说”、马克思的“器官延长说”、阿诺德·盖伦（Arnold Gehlen）的“器官代替”与“器官强化”等技术哲学观念。同一时期的文学家塞缪尔·巴特勒（Samuel Butler）在他的乌托邦小说《埃瑞洪》（*Erewhon*）和文章《机器间的达尔文》（“Darwin Among the Machines”）等科幻作品中，提出了用生命的进程解释机器发展的思想。这种“机器像人”的“机械—生物”类比方式也体现在机器进化理论中，英国考古学家皮特·里弗斯（Pitt Rivers）以及美国学者威廉·菲尔丁·奥格本（William Fielding Ogburn）、劳伦·吉尔菲兰（Lauren Gilfillan）、阿博特·厄舍尔（Abbott Usher）等都分别提出了关于机器进化的有机理论。美国技术史专家乔治·巴萨拉（George Basalla）在其《技术发展简史》（*The Evolution of Technology*）一书中，将机器发展的延续性、多样性、创新性与选择性，与生物进化中的遗传、变异、新陈代谢、自然选择等特征进行了类比，并论证了其中的相似性[③]。巴萨拉清楚地知道机器的进化与生物的进化之间存在着根本的差异，但挖掘其中的相似性有助于研究机器的进化路径，判断机器未来发展的动向。自从诺伯特·维纳（Norbert Wiener）的控制

---

① Lloyd S. Programming the Universe: A Quantum Computer Scientist Takes on the Cosmos. New York: Vintage, 2006.

② 李建会，符征，张江.计算主义——一种新的世界观. 北京：中国社会科学出版社，2012: 1-9.

③ 乔治·巴萨拉. 技术发展简史. 周光发译. 上海：复旦大学出版社，2002: 26-27.

理论将现代自动机与生命体进行比对，并将二者的核心要素“信息”作为根本性的存在后，“机器像人”的观点在当代信息社会也有了新的发展。一种基于复杂性科学的计算理论——有机计算（organic computing）——正在兴起。2001年11月，“有机计算——趋向过程的结构化设计”（Organic Computing—Towards Structured Design of Processes）研讨会在德国召开，这是首次针对有机计算召开的学术研讨会。2008年，德国鲁尔大学的罗尔夫·P. 沃茨（Rolf P. Würtz）主编的《有机计算》（*Organic Computing*）一书出版。该书引言中指出，技术人工物的建构应当遵循生物范式，并且人工物的最终形式应当与生命体的最高级相似①。换言之，有机体的有机功能同样应当适用于计算系统。有机计算的观点不同于绝对的计算主义，这种观点强调并非人脑与电脑功能等价就可以相互替换，而是从有机论的视角出发认为电脑（计算技术）模拟了人脑（生命体）的部分功能，并且随着人类新的需求的不断出现，电脑的模拟功能也应随之变化。

无论是“人像机器”还是“机器像人”，都是在本体论层面将人与机器视为同等的存在，将一方归结为另一方，没有突出二者之间的本质区别。其实，人与机器之间的本质区别仍然存在，如内在目的与外在目的之分②、隐喻与实存之分③等。但是，当代社会中机器的智能化程度之深，确实在某种程度上模糊了人与机器之间的传统界限。美国未来学家雷·库兹韦尔（Ray Kurzweil）在《奇点临近》（*The Singularity Is Near*）一书中提出了关于人机界限的奇点理论。库兹韦尔认为，奇点（singularity）原指独特的事件及其种种奇异的影响，在数学领域表示一个超越了任何界限的值④。冯·诺依曼将奇点描述为一种可以撕裂人类历史结构的能力，库兹韦尔则将奇点描述为生物智

① Würtz R P. Introduction: Organic Computing. Heidelberg: Springer, 2008.

② Nicholson D J. Organisms ≠ Machines. Studies in History and Philosophy of Biological and Biomedical Sciences, 2013, 44(4): 669-678.

③ Schark M. Synthetic biology and the distinction between organisms and machines. Environmental Values, 2012, 21(1): 19-41.

④ Kurzweil R. The Singularity Is Near: When Humans Transcend Biology. London: Penguin Books, 2006.

能和人工智能融合的美妙时刻。在库兹韦尔看来，人类与机器必将融合，嵌入我们大脑的知识必将与我们创造的容量更大、速度更快、知识分享能力更强的智能相结合。

智能技术的发展给当代社会中的人机关系带来了新的挑战，人与机器的紧密结合、交织互动体现了当前的时代特征和技术发展趋势。正如《连线》杂志主编凯文·凯利（Kevin Kelly）预言，人类技术的下一个阶段是人机合一的 Web 3.0 时代，“你未来的收益水平取决于你在多大程度上能与机器完美地配合工作”[①]。人机合一的时代真的已经来临了吗？人与机器的结合会给人类带来哪些本体论、认识论和伦理学层面的影响？人与机器的相互渗透与嵌入将如何影响我们的社会观念和文化价值导向？这些问题关系到人类生存的本质以及人类未来发展的方向。要从根本上回答这些问题，势必要追根溯源，寻求一种哲学上的深层反思。

第二节　缘何机体哲学视角?

当代技术哲学理论中关于人机关系的研究不在少数，并且呈现出不同的研究路径。其中一种研究路径是以荷兰学者彼得·克洛斯（Peter Kroes）和安东尼·梅耶斯（Anthonie Meijers）等为代表的对技术人工物内在结构与功能的分析，将技术人工物视为人类实现既定目标的工具。在该路径研究中，技术人工物被视为研究客体，人类作为主体选择不同的技术人工物实现自身的愿望、信念和目标。这种研究路径可以被视为人机关系的内在主义研究路径。自 20 世纪 80 年代以来，技术哲学开启了“经验转向”。一般认为，克洛斯和梅耶斯是“技术哲学的经验转向”的共同发起人。他们强调要打开技术的“黑箱”，在对现代技术的复杂性与丰富性的经验描述的基础上开展技术哲学研究。“关于技术的哲学分析应该基于可靠的、充分的关于技术的经验描述（和技术应用效果）。”[②]

---

① 凯文·凯利. 技术元素. 张行舟等译. 北京：电子工业出版社，2014.

② Kroes P, Meijers A. Introduction: A Discipline in Search of Its Identity. London: JAI Press, 2000.

对于内在主义研究路径而言，人机关系主要强调的是人的行为与机器的功能与结构之间的关系。按照克洛斯对技术人工物功能的分析，机器的功能可以从两个维度进行解释：一个维度是从物理性能或物理行为角度来解释机器的功能，但在这种解释中机器仅仅被视为物理客体，机器的功能也与机器的结构直接画了等号；另外一个维度是以人的意向来解释机器的功能，在这个解释中机器的功能是由人的意向所决定的，由此可以在意向概念框架中描述机器的功能[①]（图 1-1）。这两个维度都涉及人类的行为，因而都体现了不同层面的人机关系。

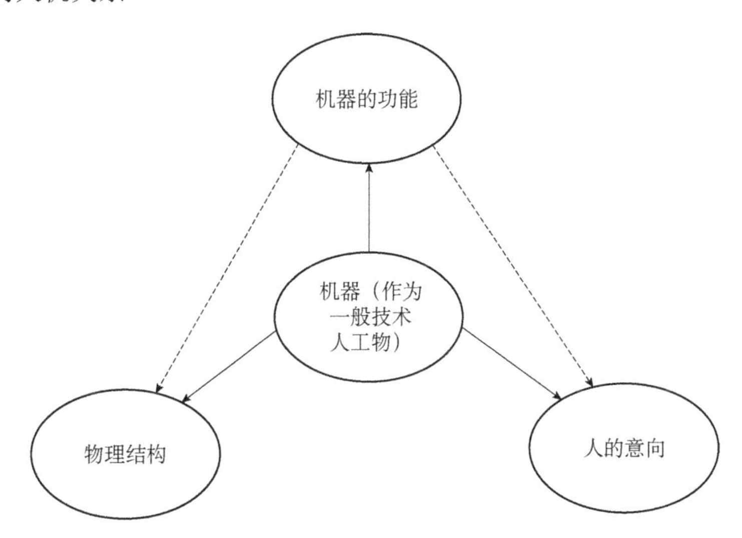

图 1-1 机器的要素解析

注：实线表示作为一般技术人工物的机器包含了机器的功能、物理结构和人的意向这三个方面；虚线表示机器的功能又与物理结构和人的意向相关

从物理结构维度看，机器的功能由其物理结构或物理性能而决定。罗伯特·卡明斯（Robert Cummins）的“因果-作用功能理论”（Causal-Role Theory of Functions）指出：“将某个功能归属于某物就是将某个性能归属于它，该性能是在更大系统中因其作用而被挑选出来的。”[②]按照卡明斯的理解，功能对应于实际的性能，这些性能

① Kroes P. Technical Artefacts: Creations of Mind and Matter. Dordrecht: Springer, 2012.

② Cummins R. Functional analysis. Journal of Philosophy, 1975, 72(20): 741-765.

因此促成具有包含性的系统性能。在这个意义上，人通过技术设计的方式将物理结构赋予机器，使其展现出具体的性能，由此体现了人与机器的内在关联性。而从人类意向视角解释机器的功能方面，最典型的代表人物是约翰·塞尔（John Searle）和彼得·麦克劳林（Peter McLaughlin）。塞尔认为某个客体的功能只与人类的意向相关，人的能力决定了对世界中的客体和事件的解释，机器的功能只存在于人类的解释中。塞尔指出，人类将功能归属于作为客体的机器，因而脱离了人类意向的功能是不存在的[①]。麦克劳林同样说道："技术人工物的功能源于某个主体在制作或使用该物品时的目的，主体将其心愿、信念赋予该物品。没有主体、没有目的，就没有功能。"[②]这种观点更为直接地指出了人与作为技术人工物的机器之间的联系，因为机器的功能是由人类行动的语境所赋予的。内在主义研究路径对人机关系的理解主要是将人与机器分别视为主体与客体，强调作为主体的人如何按照自身的意向将结构与功能赋予作为客体的机器，从而使机器展现出人类行动的意向。该研究路径强调打开机器的"黑箱"，从机器的内部功能与结构入手分析人机关系，有助于深入机器内部，了解机器在设计和运行过程中的内在机理，进而展现人机关系的内在尺度。

另外一种研究路径是以美国学者唐·伊德（Don Ihde）和荷兰学者彼得-保罗·维贝克（Peter-Paul Verbeek）等为代表的人工物现象学研究路径。该研究方法致力于探究技术人工物如何影响、引导或者调解人类的行为，认为技术人工物的研究需在人与技术人工物的关系中展开。人与技术人工物的关系是该路径的出发点，这种关系可以被修正或者重构，离开了人与技术人工物关系框架的价值分析是没有意义的。这种研究路径可以被称为人机关系的外在主义研究路径。

对于外在主义研究路径而言，人机关系主要强调的是机器如何影

---

① Searle J. The Construction of Social Reality. London: Penguin Books, 1995.

② McLaughlin P. What Functions Explain: Functional Explanation and Self-Reproducing System. Cambridge: Cambridge University Press, 2001.

响、引导或者调解人类的行为。伊德的“人-技术-世界”[①]关系模型可谓是技术哲学的经典理论，将人机关系置于该模型中可以得到一些新的思考。从伊德提出的“具身关系”（embodiment relations）、“诠释关系”（hermeneutic relations）、“他异关系”（alterity relations）和“背景关系”（background relations）[②]这四种关系中重新思考人与机器的关系，可以找到人机关系在这四种关系中的新变形。人机关系在具身关系中指的是人以一种特殊的方式将机器融入自身的经验中，人借助这些机器来感知世界。在这种关系中，人和机器成为一个共同的主体面向经验世界。诠释关系中的人机关系指的是人通过诠释机器的“文本”，进而认识和诠释机器的“世界”。这里的“文本”指的是机器及其相关设备的数据和说明，人们通过诠释这些“文本”进而与由机器所表征的经验世界相连。他异关系中的机器是作为他者而存在的，因此人机关系指的就是人与作为他者的机器之间的相关性。机器作为他者指的是机器具有准他者性（quasi-otherness），即人在使用机器的时候将其视为准他者，承认机器自身的发展环境和使用要求，将其视为与人非常相似却不同于人的其他存在方式。在背景关系中，机器不再以单个机器的形态出现，而是以机器系统的方式“退到了一边”，成为人的经验领域的一部分，并且融入当下环境背景中。背景关系中的人机关系强调背景中的机器系统与人的密切关系，尽管这些机器系统起着场域的作用，不处于人机关系的焦点位置，但同样调节着人与经验世界的关系。根据伊德的理论，这里的机器是作为普遍的技术而存在的，维贝克在此基础上突出了机器的智能特性，将人机关系置于当今的赛博（Cyber）社会，提出了人与机器之间的两种新关系，即“混合关系”（hybrid relations）和“复合关系”（composite relations）[③]。在混合关系中，人与机器相融合，成为一种崭新的存在进而产生出混合的意向性来共同面向经验世界；在复合关系中，机器因其自身的智能

---

① Ihde D. Technology and the Lifeworld: From Garden to Earth. Bloomington: Indiana University Press, 1990.

② 关于这四种关系的释义可以参见本书第四章第一节。

③ Verbeek P P. Cyborg intentionality: Rethinking the phenomenology of human–technology relations. Phenomenology and the Cognitive Sciences, 2008, 7(3): 387-395.

特性而具有不同于人类的意向性，并且将机器的意向性与人类的意向性复合叠加后共同指向经验世界。外在主义研究路径强调机器在人与世界之间的中介作用，尤其是机器对人类知觉能力和实践能力的影响和介入，这有助于从更加宏观的视角理解当代人机关系。

这两种技术哲学的研究思路表现出当代人机关系研究的不同特点，前者注重分析机器自身的功能与结构对人类活动的影响，后者注重探究在人机关系框架中机器如何影响人类感知世界的方式以及行动的方式。然而，这两种研究路径之间的明确界限使得人机关系研究中仍然存在着未能解决的问题。例如，对于第一种研究路径而言，当中存在着机器的功能与结构如何与人类的意向行为及社会活动相关，以及在人与机器相互嵌入的过程中如何解释功能与结构的相关问题。对于第二种研究路径而言，尽管它将人机关系作为研究的出发点，但是人与机器之间如何相互建构，以及人类的哪些特性可以渗透和嵌入机器之中等问题，仍然有待进一步解释。基于当前的理论研究现状，本书将中国文化背景下的机体哲学思想作为理论出发点，在汲取技术功能理论中的合理成分的同时，注重分析人与机器相互渗透与嵌入过程中的种种现象及其背后的深刻原因，从而为当代人机关系的新的特征提供合理解释和对策分析。

第二章　机体哲学的思想方法

机体哲学的研究对象是各种机体，但是如何理解“机体”这个概念的内涵与外延，中国和西方的机体哲学有着明显的差异。因此，系统地回顾西方和中国机体哲学发展的思想轨迹十分必要。并且，循着中西方机体哲学思想演变的内在逻辑，可以探索出新的机体哲学研究思路，即一种以“生机”为逻辑起点的机体哲学。

第一节　西方机体哲学思想演变[①]

在西方哲学史上，机体哲学（organicism 或 philosophy of organism）的发展具有特殊地位。按照机体哲学的特征追溯其思想轨迹，可以在古希腊早期自然哲学中发现其萌芽，在中世纪宗教神学中看到其延续的线索，在近现代哲学中找到其思想体系的演化路径。基于对“机体”内涵和外延的不同理解，当前的西方机体哲学研究可以大致分为四种类型，分别是目的论类型、活力论类型、过程论类型、系统论类型。

一、目的论类型

目的论类型是西方机体哲学思想演化过程中的第一种类型，其特征在于将“目的”这一人类所具有的机体特征赋予自然界所有事物，在这个意义上将整个世界看成一个有机的整体。

在古希腊时期，人们对万物之起源的解释采取了最朴素的想象，

① 本节内容参考自王前和于雪的论文《西方机体哲学的类型分析及其现代意义》（自然辩证法研究，2016 年第 4 期）和王前的专著《生机的意蕴——中国文化背景的机体哲学》中第一章第一节内容，是笔者在先前论述的基础上进一步的凝练和补充。

并由此构筑神话。赫西俄德的《神谱》以自然崇拜的形式构筑了一个生生不息的宏大场面。大地（盖亚）生海，和天（乌拉诺斯）结合而生河，天的种子生爱（阿佛洛狄忒），即天降雨使生命萌芽于自然中。这种最原始的“生殖”幻想成为古希腊“物活论”（或“万物有灵论”）的直接来源，这种物活论思想与古希腊先哲对世界本原的探究密不可分。在古希腊早期的自然哲学中，泰勒斯、阿那克西美尼、赫拉克利特等将世界本原分别归结为水、气、火等具体物质，恩培多克勒将世界本原归结为火、水、土、气这四种元素。这里谈论的火、水、土、气都带有生发万物的灵性，与灵魂、道德、爱、憎等具有精神形态的东西杂糅在一起。正如柯林武德所说，泰勒斯“把自然界看成一个有机体”，世界是“赋予了灵魂的某种东西”[①]。

然而，从自然事物的简单属性出发难以解释纷繁复杂的世界的秩序和规律性。于是，苏格拉底将“目的”的观念赐予事物，一切事物都是“为某种有用的目的而存在的东西”。苏格拉底认为世界上一切事物都是神依照自身的意志安排好的，都是合乎一定目的的[②]。柏拉图继承了苏格拉底具有神学魅力的目的论，认为目的是世界真实的原因，通过对理念世界与现实世界的划分，将造物主置于高不可攀的理念王国中，因此宇宙是理念的逻辑体系，构成了一个“有机的精神统一体”[③]。亚里士多德在此基础上试图进一步从事物自身的性质出发，寻找某种内植于其中的根本动力。他从“四因说”入手，指出质料因、形式因、动力因与目的因是宇宙的基本组成成分，其中目的因是事物的内在属性，它促成潜能现实化，并最终成为“形式”。自然界的一切事物都具有这种内在目的，因此，“自然就是目的和‘何所为’。因为，如果某物进行连续的活动，并且有某个运动的目的，那么，这个目的就是终结和所为的东西”[④]。亚里士多德将内在目的赋予了自然事物，也就意味着将机体特性赋予了自然，自然成了有目

① 柯林武德. 自然的观念. 吴国盛译. 北京：北京大学出版社，2006: 38.
② 全增嘏. 西方哲学史（上册）. 上海：上海人民出版社，1983：125.
③ 梯利. 西方哲学史（增补修订版）. 葛力译. 北京：商务印书馆，1995：66.
④ 亚里士多德. 亚里士多德全集（第二卷）. 苗力田译. 北京：中国人民大学出版社，1991：36.

的、能活动的有机统一体。

随后，斯多葛学派发展出了一种融合“万物有灵论”与“目的论”思想的哲学。一方面，他倡导有机世界的理性存在。自然，在斯多葛学派看来，是指整个自然宇宙或自然世界，是绝对统一的有机整体，“其中每一部分都有机地结合在一起”，而且“整个世界是一个活生生的存在，拥有灵魂和理性”[①]。另一方面，斯多葛学派沿袭了柏拉图对外在上帝的信仰，将神的存在解释为和谐秩序产生的原因，认为“世界是上帝的肉体，是一个有生命的有机体”[②]。

这一思想直到漫长的中世纪时达到顶峰，哲学成为神学的“婢女”，神学目的论也代替了早期的自然目的论。一般看来，神学目的论主要有两种存在形式，即有神论与泛神论。有神论认为，宇宙是上帝有目的地创造的，上帝在宇宙之外，制定了宇宙中一切事物应当遵循的法则。这种思想导源于柏拉图与斯多葛学派所倡导的“宇宙设计论”，即宇宙由上帝这位超一流的“工程师”所设计并创造。泛神论则强调，上帝就是作为整体的宇宙自身，上帝在宇宙之内，存在着一种创造力使其按照自己的目的与计划去发展[③]。神学目的论试图将神性赐予自然界，从而使自然事物具有所谓的“生命”特征。

目的论类型的机体哲学在近代面临生物进化论的巨大挑战。生物进化论所揭示的物种起源和进化的机制表明，神学目的论描述的生物特性和相互关系是没有科学根据的。控制论出现之后，维纳将原来只与人有意识的活动相联系的“目的”概念引入对机器的反馈控制过程[④]。这种对“目的”的广义理解已经超出了目的论类型机体哲学的范围了。

二、活力论类型

活力论类型是西方机体哲学思想演化过程中的第二种类型，其特

① 曹孟勤. 合乎自然而生活——斯多葛学派生态伦理思想研究. 道德与文明，2012（1）：45-49.

② 梯利. 西方哲学史（增补修订版）. 葛力译. 北京：商务印书馆，1995：116.

③ 李东. 目的论的三个层次. 自然辩证法通讯，1997（1）：20-38.

④ 魏宏森，宋永华，等. 开创复杂性研究的新学科：系统科学纵览. 成都：四川教育出版社，1991: 96.

点是针对机体所具有的“活力”特征，如能动性、流变性、创造性等，进行深入的理性分析，描绘有机的整体联系的世界图景。

17 世纪被怀特海（A. N. Whitehead）称为“天才的世纪”，这一时期不仅自然科学的众多领域取得了重大突破，思想界也是百花齐放、百家争鸣。弗朗西斯·培根（Francis Bacon）以“知识就是力量”打破了神学对人们的思想束缚，笛卡儿则进一步将世界看作一个巨大的机械系统，牛顿力学的发展也为世界的机械运动提供了最有利的科学武器，托马斯·霍布斯（Thomas Hobbes）将这种机械论推广至社会层面，拉美特利甚至提出“人是机器”的观点。

然而，经验主义者约翰·洛克（John Locke）怀疑这种极端理论，他指出，原子论不可能成为世界观或宇宙论①。继洛克之后，再一次对机械论自然观提出疑问的就是德国百科全书式的哲学家戈特弗里德·威廉·莱布尼茨（Gottfried Wilhelm Leibniz），他从对新科学的考察出发，试图调和机械论和目的论，提出了著名的“单子论”，试图用具有活力的“单子”使冷漠无情的自然界重获生机。

莱布尼茨的“单子论”思想承前启后，广泛地吸收了自古希腊时期以来的实体观，包括柏拉图的“永恒目的”、亚里士多德的“隐德莱希”、德谟克利特的“原子”、经院哲学的“实体的形式”以及同时代的笛卡儿、斯宾诺莎等对实体的理解。不仅如此，莱布尼茨的哲学思想建立在近代科学成果的基础上，其中生物学中细胞学说的最新成果也为“单子论”的形成提供了思想渊源。

“单子”（monad），来源于希腊词 monas，意指“统一性”或“单一的东西”②。在莱布尼茨之前，16 世纪的意大利哲学家布鲁诺也曾提出单子学说。他的单子论同斯多葛学派的“胚种说”相似，认为“万物都是由所谓的单子组成的，这种单子是无因自成而不毁灭的基本部分”③，既是物质的，也是精神的。由单子构成的宇宙是有生命的宇宙，其中的每一部分都是有生命的，每一部分都包含着

① 梯利. 西方哲学史（增补修订版）. 葛力译. 北京：商务印书馆，1995：358.
② 莱布尼茨. 莱布尼茨自然哲学著作选. 祖庆年译. 北京：中国社会科学出版社，1985：128.
③ 梯利. 西方哲学史（增补修订版）. 葛力译. 北京：商务印书馆，1995：266.

"成为有生机之物的可能性"[①]。

莱布尼茨在《单子论》一文的开篇指出"单子不是别的，只是一种组成复合物的单纯实体"[②]。单子的内在特性决定了它的有机性。单子具有知觉和欲求。莱布尼茨看到了单子的自然变化及繁多性，并且试图深入探寻单子的内在本原，由此找到了知觉这一根本特征。单子的知觉引起了单子的变化，而知觉本身也在变化，这种变化的根源就是欲求。莱布尼茨从单子自身的知觉与欲求出发规定单子的自为性与能动性，这是对唯物机械论中"力"的决定性特征的新的探索与超越。莱布尼茨一开始就指明"单子是只能突然产生、突然消失的"，"在单子里面不能移动任何东西"，"单子没有可供某物出入的窗户"。单子的闭合特征注定了它能自给自足，"在它们自身之内具有一定的完满性"，"有一种自足性使它们成为它们的内在活动的源泉"，即成为"无形的自动机"[③]。作为有活力的实体，单子必然具有能动性。莱布尼茨的单子论虽受德谟克利特原子论的影响，但单子的能动性却与原子的机械性背道而驰。列宁也曾评价单子是"活生生的、活动的自身中反映整个世界的、具有表象（特种灵魂）的（模糊的）能力的单子"[④]。莱布尼茨从本体论意义上赋予"单子"以有机特性，"一个生物或动物的形体永远是有机的，因为每一个单子既是一面以各自的方式反映宇宙的镜子，而宇宙又是被规范在一种完满的秩序中"[⑤]。这里，莱布尼茨对事物有机性的理解又增加了两种新的特质，即透视性与秩序性。单子的透视性主要体现为单子具有表现其他一切事物关系的能力，从而成为"宇宙的一面永恒的活的镜子"[⑥]。单子表象全宇宙，宇宙浓缩至单子

---

① 北京大学哲学系外国哲学史教研室编译. 西方哲学原著选读（上卷）. 北京：商务印书馆，1981：325.

② 北京大学哲学系外国哲学史教研室编译. 西方哲学原著选读（上卷）. 北京：商务印书馆，1981：476-477.

③ 北京大学哲学系外国哲学史教研室编译. 西方哲学原著选读（上卷）. 北京：商务印书馆，1981：479.

④ 列宁. 哲学笔记. 北京：人民出版社，1993: 428.

⑤ 北京大学哲学系外国哲学史教研室编译. 西方哲学原著选读（上卷）. 北京：商务印书馆，1981： 488.

⑥ 北京大学哲学系外国哲学史教研室编译. 西方哲学原著选读（上卷）. 北京：商务印书馆，1981：486.

中。这种单子的透视性之后被怀特海发展为事件的“包容统一体”，也成为“宇宙全息观”的典型代表。莱布尼茨将能够透视大千世界的“上帝之眼”赋予单子，并且设想物质的每个部分都可以是“一座充满植物的花园”“一个充满着鱼的池塘”，“因此宇宙中没有任何荒芜的、不毛的、死的东西……根本没有混乱……”[①]，一切都在秩序中永恒地流动。

由于莱布尼茨在构成宇宙万物最基本单位的意义上肯定了机体活力的存在、秩序以至知觉，这就为说明各种生命现象和社会现象的机体特征提供了可靠基础，因为复杂的机体特征无非是“单子”特征的积累和演化而已。从自然科学角度看，莱布尼茨的“单子论”只是没有实证根据的哲学玄想，但从寻找各种生命现象和社会现象的机体特征的本原角度看，“单子论”是当时能够想到的最合理的假说。

在莱布尼茨之后，西方哲学着重从认识论角度分析事物之间的有机联系，从认知主体与客体关系入手辩证地推演出精神机体与社会机体的“活力”特征。康德的“先验自我意识”的提出之所以被视为“哥白尼式的革命”，原因就在于它将思维的能动作用引入对世界的认识，从而揭示了精神机体“活力”的来源。在方法论层面上，康德强调从整体的角度认识有机物体的特征。他认为对于有机物体而言，各部分要依靠整体，“由整体的形式或计划或观点所决定”[②]。费希特将具有完整性的“绝对自我”既看作规定结果的本体，又看作规定行为过程本身的主体。它是“支配一切个人意识的普遍的生命过程”[③]。“绝对自我”既被看作是本原的，又被看作是行动的，“既是规定结果的本体，又是规定行为过程本身的主体”，因此是“绝对的、第一性的、能动的纯粹精神的本原行动”[④]。

费希特强调“绝对自我”的能动性与流变性，这种思想被谢林

① 北京大学哲学系外国哲学史教研室编译. 西方哲学原著选读（上卷）. 北京：商务印书馆，1981：489.

② 梯利. 西方哲学史（增补修订版）. 葛力译. 北京：商务印书馆，1995：460.

③ 梯利. 西方哲学史（增补修订版）. 葛力译. 北京：商务印书馆，1995：484.

④ 温纯如. 论费希特自我学说中绝对自我“三位一体”的思想. 安徽大学学报（哲学社会科学版），1995（5）：35-40.

所继承，并发展成为具有创造性的宇宙精神。谢林反对以机械论的方式思考自然，而坚持一种内在的动力学方式，即自然的“创造力”，“自然必是可见的精神，而精神必是可见的自然”[①]。精神的组织性提供了一种目的性原则，使自然成为有序的有机体，主体自身作为自然有机体的一部分不能从整体中割裂出来，“我们不能脱离整体而了解部分，也不能脱离部分而了解整体”[②]。黑格尔更是用“绝对精神”的能动性与创造性论证自然的有机性，他在《自然哲学》中直截了当地说：“自然界自在地是一个活生生的整体”，实在是一个活生生的发展历程，自然也是辩证化的发展过程，“是一种由各个阶段组成的体系，其中一个阶段是从另一个阶段必然产生的，是得出它的后一阶段的最切近的真理”[③]。在黑格尔看来，作为事物之发端的“绝对精神”不断地自我展开，至高无上的精神将自我意识和客观实在结合起来，成为具有创制作用的认识[④]。黑格尔的辩证法强调事物之间的有机联系和相互转化，其目的正是在于描绘有机地整体联系的世界图景。“绝对精神”的存在同样没有自然科学上的实证根据，但它的演化特征对理解生命机体、社会机体和精神机体的相互关系有重要启发作用。

以托马斯·希尔·格林（Thomas Hill Green）、弗朗西斯·赫伯特·布拉德雷（Francis Herbert Bradley）为代表的新黑格尔主义者发展了黑格尔关于事物有机联系的思想精髓，将有机的“内在关系”作为事物的根本属性。格林认为，世上的事物都处于关系之中，事物的真实性就在于与其他事物相关联，一旦失去这种联系，事物也就不能成为事物自身了。因此，在格林看来，“关系是构成任何一个事物的本质，是它的生命和核心”[⑤]。格林极力强调事物间内在的、有机的关系，并将这种关系上升至本体论高度，成为真

① 罗久. 自然中的精神——谢林早期思想中的“自然”观念探析. 科学技术哲学研究，2012，29（2）：77-82.

② 梯利. 西方哲学史（增补修订版）. 葛力译. 北京：商务印书馆，1995：497.

③ 转引自张世英. 英国新黑格尔主义的奠基人——格林的哲学. 社会科学战线，1980（3）：50-57.

④ 梯利. 西方哲学史（增补修订版）. 葛力译. 北京：商务印书馆，1995: 516-517.

⑤ 张世英. 英国新黑格尔主义的奠基人——格林的哲学. 社会科学战线，1980（3）：50-57.

实的实在。布拉德雷在格林的基础上，明确地提出了“内在关系”思想，他主张所有的关系都是内在关系，每一事物都处于关系之中，这种由关系所构成的整体作为实体呈现于事物的每一种属性中。[①]这里对“关系”的分析主要是从空间结构方面着手的，尚未充分关注时间或过程方面的问题。

三、过程论类型

过程论类型是西方机体哲学演化中形成的第三种类型，其特点在于关注机体演化发展的时间特征，如绵延性、过程性、共生性等。

19 世纪末 20 世纪初，一种具有非理性主义特征的哲学思潮——生命哲学——在德国、法国等地普遍流行，尤为突出的是受 19 世纪唯灵论、意志主义及以查尔斯·雷诺维叶（Charles Renouvier）为代表的新批判主义影响的法国哲学家亨利·柏格森（Henri Bergson）对单纯从力学观点解释生命现象，把整个有机自然界的发展看作量的渐进的机械进化论做了尖锐批判，并试图用运动变化和有机联系的观点说明生命现象[②]。柏格森严格区分了理智与直觉、科学与哲学，并且认为适用于科学研究领域的逻辑实证方法，如果扩展到运动、变化、成长的“活生生”的世界中，就会割裂实在。柏格森将空间与时间分别作为科学与哲学的对象，科学研究是以空间关系为前提，将世界置于一种静态的网络中，而哲学研究面对的则是生生不息的生命现象，只能在流动的时间长河中直觉体悟。在柏格森那里，时间分为抽象的科学时间与具体的哲学时间，哲学时间就是真正的绵延（durée），是生命的本质。生命每一时期的变化都是连续的，生命本身只同时间有关。哲学必须从生命内部、从时间里把握生命。[③]柏格森以变化的观点重构宇宙世界，他所面对的是一个开放的过程，宇宙始终处于变化生成之中，生命是一种本原的冲动力、“一股连续而不可分割的流”，“是一切事物生生不息、推陈出新的最深刻的根

---

① 梯利. 西方哲学史（增补修订版）. 葛力译. 北京：商务印书馆，1995：608.

② 刘放桐，等. 新编现代西方哲学. 北京：人民出版社，2000：121.

③ 刘放桐，等. 新编现代西方哲学. 北京：人民出版社，2000：132-133.

源”[①]。柏格森排斥以事件积累为特征的机械论和包含预先目的的目的论，提出了“创造的进化”，用生命冲动的向上喷发和向下坠落解释生命的起源和进化。柏格森以变动不居的绵延作为生命的本质，以流动生成的过程作为自然与人类社会发展的根本特征，这是过程论类型的开端。

受柏格森影响，19 世纪的实用主义者也强调生命自身的过程性。这也与当时生物进化理论的提出直接相关。在实用主义者看来，人类是长期进化过程中形成的一种生物，所谓的经验主义也是专为生物学设计的经验主义，即“‘经验’逐步被解释为包括活生生的有机体及其他世界的概念”[②]。特别是威廉・詹姆斯（William James）与约翰・杜威（John Dewey）都试图使哲学与达尔文主义相协调，“让人类对真与善的追求同低级动物的活动……让文化演变同生物演变显示出连续性”。这种连续性的概念被引入本体论领域中则体现为对“实在”的理解。詹姆斯认为实在“不是现成的，不是亘古以来就是完备的，而是处于创制的过程中，尚未完成，哪里有能思维的人发挥作用，它就在哪里逐渐形成”[③]。杜威进一步发展了这个概念，指出“‘实在’不是一个完全已有的、现成的和固定的体系，它根本不是一个体系，而是处于变化、成长和发展中的事物”[④]。

英国哲学家怀特海明确提出机体哲学（又称“活动的过程哲学”）概念，强调机体的持续性、流变性与创生性。怀特海首先批判了科学唯物论所肯定的“简单位置”的概念。在科学唯物论者看来，“物质或质料就是具有简单位置这一特性的一切东西”[⑤]。换言之，我们如若掌握了事物在时间中的“刹那”和空间中的“点尘”，我们就把握了事物的本质，这种近代科学的基本时空物质观直接导致了唯物机械论的产生。而在怀特海看来，将质料瞬时位形的简单位置作为自然界的具体基本事实，正是柏格森所反对的将时间空间化。将纯粹绵延的时间

---

① 刘放桐，等. 新编现代西方哲学. 北京：人民出版社，2000：138-139.

② C. 莫里斯. 美国哲学中的实用主义运动. 孙思译. 世界哲学，2003（5）：92-100.

③ 转引自梯利. 西方哲学史（增补修订版）. 葛力译. 北京：商务印书馆，1995：621.

④ 转引自梯利. 西方哲学史（增补修订版）. 葛力译. 北京：商务印书馆，1995：623.

⑤ A. N. 怀特海. 科学与近代世界. 何钦译. 北京：商务印书馆，1989：57.

用科学计量的空间所禁锢，就是怀特海所谓的“具体性误置的谬论”，即将原本属于科学研究领域的抽象概念（如“简单位置”）看作具体的基本事实，从而错误地分析了事物的本质。怀特海试图以“事件”作为实在的具体事实，以调和抽象与具体之间的矛盾。“事件”的根本特性是包容性（prehension，或译为“摄入”），这种包容性是指我们在本身所在的地方包容了其他地方的东西，是从此处的统一体出发看到另一处统一体的“透视”。怀特海指出，“透视”的概念沿用于莱布尼茨的“单子反映宇宙的透视”理论，意指被摄入统一体中的形态。事件的包容性决定了事件的过程性，因为事件不仅包容同一时间发生的其他事件的样态，也包容先行事件的样态，并作为记忆混入自身的内容中，还包容未来向现在反射回来的那些样态。事件不仅有现在，还有过去和未来。自然就是从一个事件过渡到另一个事件的扩张性的发展过程[①]。后来怀特海以“机体”取代“事件”作为核心概念。怀特海的“机体”承袭了“生命有机体”所强调的生成、变化、彼此交锁，但更为根本的是他试图跨越有生界与无生界的巨大鸿沟。因此，怀特海的“机体”作为“现实实有”的基本存在，不仅涵盖了传统生物学领域中的生命有机体，还包括分子、原子、电子等一切“无生命”的存在[②]。“机体”成为一种广义的存在，“只要是有一定规律的有序结构体都是有机体”[③]。

怀特海通过对“机体”本身的实在性、持续性和流变性的解释，揭示了建立在关系本质上的机体间的交锁性，并由机体与环境的二重关系推导出流变与永恒、生成与存在的两极平衡关系。怀特海以“临时的实在主义”自诩他的“机体”从高不可攀的抽象世界落入凡间，成为真实的“现实实有”。“‘现实实有’——亦称‘现实际遇’——是构成世界的终极实在事物。在现实实有背后不可能找到任何更实在的事物……这些现实实有都是复杂且互依的点滴的经

---

① A. N. 怀特海. 科学与近代世界. 何钦译. 北京：商务印书馆，1989：80-84.

② 俞懿娴. 怀特海自然哲学：机体哲学初探. 北京：北京大学出版社，2012：253.

③ 陈奎德. 怀特海哲学演化概论. 上海：上海人民出版社，1988：102.

验。”[①]机体的这种内在实在性被怀特海赋予了价值，价值寓于机体之中。不仅如此，怀特海还试图将新康德主义西南学派，特别是威廉·文德尔班（Wilhelm Windelband）与海因里希·李凯尔特（Heinrich Rickert）划分的事实世界与价值世界合而为一，事实与价值不再作为并列的基本要素而具有某种根本的性质，它们都是对同一个宇宙的抽象。二者息息相关、唇齿相依，“事实世界给价值世界提供可能性，价值世界给事实世界提供意义”，“事实与价值在根本上具有同一性”[②]。另外，受到量子力学“跳跃式增减”效应与以海森堡为代表的“唯能论”的影响，怀特海以“现实实有”的持续性代替传统哲学所强调的无限可分割的“质点”，从而使“机体”取代了“实体”成为世界之根本。“机体”的持续性作为根本特征贯穿于怀特海机体哲学的始终，持续性就意味着存在一个固有的事实，即“事物的转化”，就是“从一个事物转化为另一个事物的过程”[③]。机体的流变性并不意味着世事无常，也非克拉底鲁所谓的“人一次也不能踏进同一条河流”，而是在怀特海对“个体同一性”的解读中达到了变化与守恒的统一。个体同一性是瞬息万变的能动性世界与永恒不朽的价值世界的融合，具有“同一性”的个体事实上也不断地变化、消解与生成。从较长的时期考察，现实事态的连续性序列的前后事态会有较大差异，但较短时间内，这种同一性则占有压倒性的优势。个体同一性调和了变化与守恒的两极分裂，于变化之中求守恒，于守恒之上寻变化。

作为数学家出身的怀特海十分重视数与数之间的抽象关系，并且将这种关联性扩展到本体论层面。在他看来，“每一种关系都参与到事件的本质里，所以离开这种关系，事件甚至不能成为其本身了”。“事件之所以能成为事件，就是因为它把多种关系综合到本身之中去了。”[④]机体与机体交互作用，机体的内在关系构成了机体的

---

① Whitehead A N. Process and Reality. New York: The Free Press, 1978.

② 陈奎德. 怀特海哲学演化概论. 上海：上海人民出版社，1988：144.

③ A. N. 怀特海. 科学与近代世界. 何钦译. 北京：商务印书馆，1989：106.

④ A. N. 怀特海. 科学与近代世界. 何钦译. 北京：商务印书馆，1989：139.

要素，而且在某种程度上，“关系（relation）自身的实在性并不依赖于关系对象（relata）自身的实在性”[①]。换言之，即使关系对象不存在了，关系本身也真实有效。机体不仅与机体交锁感应，同时也与环境相辅相成，不可分离须臾。机体在主动适应环境的基础上还具有创生性（creativity），即创新的原理（the principle of novelty）。每个机体都是创生进程中的新生事物，单个机体力量微薄，无法直接创生自己的环境，而相互摄持、彼此“聚结”（nexus）的有机体社群能够在创化进程之中承前启后、聚合“共生”（concrescence），由此而达到机体与环境的平衡态[②]。

怀特海以动态的、相互关联的“事件”和“韵律”取代“物质”，以“关系”取代“实体”在传统哲学中的地位，从而在认识论上发展出以“意义”为核心的知觉论，并提出极具特色的对象论（Doctrine of Objects）、觉察论（Doctrine of Awareness）、流程论（Doctrine of Passage）和契入论（Doctrine of Ingression），他所重视的是“过程”“有机”“创化”[③]。罗伯特·梅斯勒（Robert Mesle）对怀特海的机体哲学做了如下的评价：“一切生成都有关系性过程的特点。整个宇宙，一切实际的东西，都是由时时刻刻的经验之生成与消亡构成的，所谓经验指的是空—时关系以及因果联系的经验。每一时刻在因果关系上都出自先前的时刻。”[④]怀特海的“机体哲学”具有一种将“机体”泛化的倾向，认为一切事物都是机体。这实际上是把以往经典自然科学研究中忽略而在机体研究中突显出来的“关系”“过程”“生成”等范畴视为机体的本质特征，进而取消了机体与非机体事物的区别。

四、系统论类型

西方机体哲学演化中形成的第四种类型是系统论类型。这种类型

① 陈奎德. 怀特海哲学演化概论. 上海：上海人民出版社，1988：24.

② A. N. 怀特海. 科学与近代世界. 何钦译. 北京：商务印书馆，1989：108-109.

③ 俞懿娴. 怀特海自然哲学：机体哲学初探. 北京：北京大学出版社，2012：1-2.

④ 罗伯特·梅斯勒. 过程-关系哲学——浅释怀特海. 周邦宪译. 贵阳：贵州人民出版社，2009：56.

的特点在于关注机体的结构与功能的关系，包括系统性、可控性、智能模拟性等，进而从更广泛的视角研究生命机体与人工机体、社会机体和精神机体的相互关系。

受20世纪系统科学的影响，哲学研究发生了重要的变化，即“用机体的模型取代机械的模型作为理解和解释世界的基础”，并“用关系-功能分析扩充基质-因果分析作为科学分析的基本方法”[①]。系统论视域中的机体被描述为“一个有组织的单元或功能整体”，一个“开放的、动态的、自维持的、发挥功能和发展的整体”[②]。

作为控制论创始人的诺伯特·维纳（Norbert Wiener）揭示了自动控制系统与生物机体在控制机理上的相似性，从而以机体的隐喻代替钟表的隐喻对世界进行有机的解读。维纳宣称：“从控制论的观点看来，世界是一个有机体。”[③]控制论的核心概念之一是信息，“物质-能量-信息”三要素是维纳对世界图景的新勾勒。有机体的对立面是混乱、瓦解和死亡，相似地，信息的对立面就是熵，信息的不断更迭就如同有机体的新陈代谢[④]。维纳将自动机、无线电通信和电子计算机等当时最新的技术成果与生物学、医学和神经生理学等学科成果进行了分析比对，并大胆地得出“在企图通过反馈来控制熵这一点上，生命体的驱体活动同某些新式通讯机器的运转是完全类似的”这样一个结论[⑤]。维纳将人在生理和心理方面的某些特征赋予人类创造的自动装置，进而将动态系统、组织化、负熵等范畴扩展至自然与人类社会，从而描绘出一幅以有机联系、动态统一为特征的宏大的宇宙图景。

一般系统论的创始人是美籍奥地利生物学家路德维希·冯·贝塔朗菲（Ludwig von Bertalanffy）。贝塔朗菲从对机械论中简单相加、机械运动以及被动反应这三个错误的批判入手，概括了系统论的三个基本特征：一是系统观点，即“认为一切有机体都是一个整体——系统”；二是动态观点，即生命是一个开放系统，处于其中的

---

① 朱葆伟. 机体模型：意义与局限. 哲学研究，1998（11）：8-17.
② 朱葆伟. 机体模型：意义与局限. 哲学研究，1998（11）：8-17.
③ Wiener N. I am a Mathematician: The Later Life of a Prodigy. London: Doubleday, 1956.
④ 徐炎章. 论 N. 维纳的机体论思想. 自然辩证法研究，2004，20（2）：69-72+86.
⑤ 维纳. 维纳著作选. 钟韧译. 上海：上海译文出版社，1978：12.

一切生命现象本身都具有积极的活动状态；三是等级观点，即各种有机体按照严格的等级组织起来[①]。在贝塔朗菲看来，“有机体由能动的、极其复杂的诸多部分构成”，是“具有高度主体性的活动中心”[②]。魏宏森将贝塔朗菲的系统理论归为类比型系统理论，贝塔朗菲运用同构同态的类比方法，建立了开放系统，并提出了生命现象的有组织性、有序性、目的性[③]。伊里亚·普里戈金（Ilya Prigogine）在一般系统论的基础上提出了“耗散结构”理论，揭示了机体的自组织特性，将生命活动“看作是所发生的自组织过程的最高表现”[④]。欧文·拉兹洛（Ervin Laszlo）的观点与之相似：我们把宇宙设想为一个巨大的子宫，它自己安排自己，以形成图式的流动方式演化。许多周期性发生的事件集，联合地构成流动的不变性，我们称之为系统。这里只有内在的联系安排来自内部，从不可看见的连续统一体开始，越来越向分立的特殊事物发展[⑤]。

美国哲学家阿尔奇·巴姆（Arohle Bahm）则对一般系统论的某些观点提出了诘难。他认为在贝塔朗菲之后一般系统论运动呈现出两条路径的分裂：一条是以劳埃德·摩根（Lloyd Morgan）、罗伊·伍德·塞拉斯（Roy Wood Sellars）和塞缪尔·亚历山大（Samuel Alexander）为代表的突现论（主要在美国），这种理论强调新奇事物在整体中的显现；另一条是以欧文·拉兹洛（Ervin Laszlo）为代表的结构主义系统哲学（主要在欧洲），这种思想假定存在一种固定的宇宙结构，新奇事物只能在固定的宇宙结构的子系统中出现。巴姆看到了这两条路径的分歧，并力图以他的“机体论”进行调和。他的机体论将“相互依存的观点作为所有哲学领域之最终的解释性原则”，因此也被称为“互依哲学”。在整体与部分

---

① 魏宏森. 现代系统论的产生与发展. 哲学研究，1982（5）：62-67.

② 魏宏森. 现代系统论的产生与发展. 哲学研究，1982（5）：62-67.

③ 魏宏森. 现代系统论的产生与发展. 哲学研究，1982（5）：62-67.

④ 伊·普里戈金，伊·斯唐热. 从混沌到有序：人与自然的新对话. 曾庆宏，沈小峰译. 上海：上海译文出版社，1987：222.

⑤ 欧文·拉兹洛. 系统哲学引论——一种当代思想的新范式. 钱兆华等译. 北京：商务印书馆，1998.

范畴中，“互依”就意味着任何部分的变化将实在地引起整体的变化，而整体的任何变化也会影响其中的部分[①]。巴姆对一般系统论思想的扬弃，促使他提出了一套以相互依存为主要特征的崭新的机体哲学，这种机体哲学以其极性理论为前提。所谓极性，在巴姆看来，是由对立、互补和张力这三个普遍性范畴构成的，极性包含两个极点，并共享“维度”。巴姆通过对极性性质的分类，提出了四种一般的理论类型，分别为“此极论”（one-pole-ism）、“彼极论”（other-pole-ism）、“二元论”（dualism）与“方面论”（aspectivism），并以极端性与限制性为特征，分解了 12 种极性理论，并由此构成了巴姆独特的机体哲学。

现代哲学家汉斯·约纳斯（Hans Jonas）一改传统路径，首先从有机体的生物学特征（新陈代谢）出发，进而探究有机体的哲学本质（内在价值）。受怀特海“事件理论”与系统论中“结构主义”的影响，约纳斯将具有自我保存特征的有机体看作一种特殊结构（configuration），普遍的物质单元穿梭其中，并与作为结构的有机体成为整体，加入聚集形式的持续状态中，最终构成连贯事件。这里的聚集形式是指事物存在的状态，事物彼此间的交互作用构成了事件的连续发展，因此普遍物质单元（粒子）在其结构（有机体）中通过新陈代谢作用构成聚集形式，并不需要其他的特殊实体。可以看出，约纳斯关于新陈代谢是“结构性的持续”（configurative permanence）这一看法十分抽象。在这里，约纳斯引用了一个波浪的例子作为论证，他认为不是作为移动形式的波浪引起了新单元连续进入它所在的集体运动中，而是基本单元间的个体运动加入了似乎是根据自身而运行的聚集形式。从这个意义上来看，作为结构性存在的有机体是新陈代谢的功能，而非传统意义上新陈代谢是有机体的基本功能[②]。约纳斯的这一观点并不矛盾，从生物学意义上来说，对有机体与非有机体进行区

---

① 阿尔奇·J. 巴姆. 有机哲学与世界哲学. 江苏省社会科学院哲学研究所巴姆比较哲学研究室编译. 成都：四川人民出版社，1998：4.

② Jonas H. Mortality and Morality: A Search for the Good after Auschwitz. Chicago: Northwestern University Press, 1996: 60-65.

分的根本特征为新陈代谢，因而有机体的特征之一为新陈代谢；而从哲学意义上来说，有机体是一种特殊的结构性存在，基本单元在这种结构中的移入与移出构成了新陈代谢的全部过程，因而有机体成为新陈代谢的基本功能。

与怀特海不同的是，约纳斯反对将一切存在事物看作机体的泛机体论观点。约纳斯从生物学视角入手，将新陈代谢作为机器与机体的根本分野，并将内在目的与客观价值赋予了生物学意义上的有机体。约纳斯否定了控制论将现代自动装置作为一种有机的存在物，他认为也许在设计机器之初蕴含了设计者的目的，但机器本身并不具有自我保存、自我延续的内在目的。这种内在目的是生物有机体的本质特征，一切有目的的行为都最终统一于有机体的客观价值——“善”。约纳斯通过对生物有机体自身目的与价值的深入挖掘，试图弥合被技术划分的人与自然的巨大鸿沟，并最终提出了基于价值有机论的新伦理——责任伦理。约纳斯对有机体内在价值的高度认同奠定了技术的“人化”本质，作为人工物的技术从产生之初就被赋予了人的机体特性，因此技术并非价值无涉的，它从一开始就具有机体特性。因此，对技术人工物机体特性的深入挖掘，将成为解决当前技术带来的多种可能性问题的有效途径。

此外，近年来还有一些类似的机体哲学思想出现。例如，建设性后现代主义者大卫·雷·格里芬（David Ray Griffin）倡导“返魅”的机体哲学。他从事物的内在联系入手，将自然看成是整体与部分相互作用的有机世界，“世界是一个由有机体和无机体密切相互作用的网络；整个宇宙中整体与部分、部分与部分之间都是相互包含的”[①]。格里芬反思了“祛魅”的科学，基于对不可重复实验的笃定，提出了具有流动性、过程性的事件本体论，以及具有关联性、相关性的关系本体论。德国心理学家肯特·戈尔茨坦（Kurt Goldstein）从生理学实验中总结出了“机能整体论”（Holistic Theory），即机体的任何一种机能都与机体整体（包括机体的其他组成部分）有关，机体的“格式塔”既取

---

① 张洪齐. 超越与回归——读《后现代科学——科学魅力的再现》. 国外社会科学，1996（3）：75-77.

决于机体的结构，也取决于世界的结构[①]。另外，20 世纪以来研究者们开始对“有机生命的现象学”[②]进行研究，涌现出了米歇尔·亨利（Michel Henry）、莫里斯·梅洛-庞蒂（Maurice Merleau-Ponty）、皮埃尔·曼·德·比郎（Pierre Maine de Biran）、乔治·康吉莱姆（Georges Canguilhem）等一大批哲学家，他们试图对生命有机现象的多样性和异质性进行分析，使这些生命现象呈现出其自身内在固有的本质[③]。

机体哲学的思想从古希腊一直延续到当今社会，但其发展一直未成为主流，对社会科学和人文科学其他领域的影响并不显著。西方机体哲学的未来发展，需要在认识论上有新的突破，需要直觉与逻辑在更高层次上统一。在这一点上，西方很可能要在中国传统的思维方式中寻找某些可供借鉴的认识成果。西方机体哲学期盼以某种包含一切的“机体模式”解释世界的所有构成与发展，这似乎很难行得通，因此对机体与非机体的划分是很有必要的。恰当地融合中国和西方机体哲学的合理内核，可能给机体哲学的未来发展带来新的契机，开辟更为开阔的应用空间。

第二节　中国机体哲学思想演变[④]

李约瑟在分析中国传统哲学时，将其概括为“有机自然主义”[⑤]。从整体上把握，中国传统哲学勾勒出了机体哲学的思想脉络。但是，中国传统的机体哲学与西方机体哲学的发展脉络不尽相同，有其内在的演化逻辑和生成轨迹。以“天人关系”为核心，中国传统的机体哲学的演化类型大致可以归结为四种：天命论类型、天人感应类型、元气说类型、生命论类型。

---

① 肯特·戈尔茨坦. 机体论. 包蕾萍译. 杭州：浙江教育出版社，2001：4-6.

② Wolfe C T. Do organisms have an ontological status? History and Philosophy of the Life Sciences, 2010, 32(2-3): 195-231.

③ 高宣扬. 论梅洛-庞蒂的生命现象学. 同济大学学报（社会科学版），2010，21（3）：1-10.

④ 本节内容参考自王前《生机的意蕴——中国文化背景的机体哲学》第一章第二节，保留了该书中对中国机体哲学不同时期的划分方式，并对其部分论述进行了补充和凝练。

⑤ 李约瑟. 李约瑟中国科学技术史：第二卷　科学思想史. 北京：科学出版社，上海：上海古籍出版社，1990：619.

一、天命论类型

从时间上看，天命论类型的机体哲学大致是从夏、商、西周到春秋战国时期。天命论类型的机体哲学特征在于将人类所具有的机体特征赋予“天”，天地万物是一个有机的整体。

冯友兰在《中国哲学史》中总结说，中国古代的“天”有五义：一曰物质之天，即与地相对之天；二曰主宰之天，即所谓皇天上帝，有人格的天与帝；三曰命运之天，乃指人生中吾人所无奈何者；四曰自然之天，乃指自然之运行；五曰义理之天，乃谓宇宙之最高原理[①]。天命论时期的“天”既为物质之天，亦为主宰之天。甲骨文中的“天”，下面是个正面的人形（ ），上面状似人头，本意为人的头顶，人之上为天，天意能够支配人事，人事多呈天意。

在古人看来，人与天之间还存在着“神”，宇宙间的事物皆由神统治。“神能降福、受享、能凭降于人，则系有人格的可知”，“神之举动行为，且与人无异矣”[②]。神的形象多来自人的形象，神之外有天、帝。人与天相通的方式是术数，以种种法术观察宇宙间可令人注意之现象，因为宇宙间事物多与人事相互影响。《汉书·艺文志》提出数术有六种：一天文，二历谱，三五行，四蓍龟，五杂占，六形法。其中，蓍龟、杂占是占卜之术，古人认为人可以通过占卜与神灵相通，通过卜筮了解人类的命运。卜者，龟也；筮者，蓍也。《易》曰：“定天下之吉凶，成天下之亹亹者，莫大乎蓍龟。”[③]这种占卜术实际上是把天人作为一个整体加以考察，考察天人之间的互动关系，强调两者的有机联系和相互协调。此外，“天文”“历谱”“五行”都是在强调以“天之道”预测人事，强调“天道”“人事”之间的相互影响。天象的变化可以被视为敦促人间统治者实行德政的一种警示信号，这种为了预防“天有异象”而实施德政的观念已经有了对“幾”的朴素意识。

---

① 冯友兰. 中国哲学史（上册）. 上海：华东师范大学出版社，2000：35.

② 冯友兰. 中国哲学史（上册）. 上海：华东师范大学出版社，2000：30.

③ 转引自冯友兰. 中国哲学史（上册）. 上海：华东师范大学出版社，2000：31-33.

到了春秋战国时期，人们对“天”的理解不仅停留在物质之天和主宰之天上，更加强调命运之天和自然之天。这实际上是强调天与人的有机联系，“天命”“天意”“天性”等范畴突出了天人合一的思想。孔子讲“五十而知天命”（《论语·为政》），荀子讲“从天而颂之，孰与制天命而用之”（《荀子·天论》），这里的“天命”是天地万物自然的法则。《礼记·中庸》云：“天命之谓性，率性之谓道，修道之谓教。”这里的“天命”是指天所赋予人的禀赋与本性。“天意”也作“天志”，《汉书·礼乐志》中讲到“王者承天意以从事，故务德教而省刑罚”，《墨子·天志上》讲“顺天意者，兼相爱，交相利，必得赏；反天意者，别相恶，交相贼，必得罚”。这里的“天志”“天意”被看作天的意志，但其实际上是人类最普遍的意志的体现。“天性”讲的是天所具有的性情，这其实也是人类最普遍的性情和品质的体现。《孟子·尽心上》云：“尽其心者，知其性也。知其性，则知天矣……存其心，养其性，所以事天也……夭寿不贰，修身以俟之，所以立命也。”正所谓“尽其心”“知其性”，则可以“知天”矣，其根源在于性乃天之所与我者，人之所得于天者。

“天命论”类型的机体哲学思想还体现在“生”的概念上，《易传》中讲“生生之谓易”（《易经·系辞上传》第五章），“天地絪缊，万物化醇；男女构精，万物化生”（《易经·系辞下传》第五章），“天地之大德曰生”（《易经·系辞下传》第一章），这里是将“生”的概念上升到万物起源和至高德性的层次，可以被看作一种泛化的机体论。《道德经》中讲“道生一，一生二，二生三，三生万物”（《道德经》第四十二章），这里强调“生”的过程，天地万物之生成是一种有机的过程。此处对“生”的理解本质上是一种机体哲学的理解方式。

值得注意的是，这一时期也有不少思想家对“机”本身进行了思考，《列子·天问》写道：“事物变化之所由，皆出于机。”《庄子·至乐》中讲：“万物皆出于机，皆入于机。”晋代张湛说：“机者，群有之始。”（张湛注《列子·天瑞》）天下万物生于有，有生于无，机就是群有之始。这一时期对“机”的思考主要是从“幾”和“機”的字面意义出发，以及由此引发的“机巧、机兆、机由、机理”等含义。但是，这些论述并未成为中国哲学研究的主流，可能是与“有机械者必有机事，有机事者必有机心，机心存于胸中，则纯白不备；纯白不备，则神生不定；神生不定者，道之所不载也”（《庄子·天地》）的观念有关，也可能与当时重农抑商、德主刑辅的传统社会风气有关。

二、天人感应类型

天人感应类型的机体哲学特点是在具体的天象和人事之间建立相互感应的动态关系，从时间上看大致是从战国时期开始，在汉代形成了较完整的思想体系，并持续产生影响作用。

天人感应的思想可以追溯到战国时期的《吕氏春秋·应同》：“凡帝王者之将兴也，天必先见祥乎下民。黄帝之时，天先见大螾大蝼……及禹之时，天先见草木秋冬不杀……无不皆类其所生以示人。”[①]这里可以找到天人感应的雏形，后来的思想家也发展了这种天人感应的思想。《淮南子》中写道：“故头之圆也象天，足之方也象地。天有四时、五行、九解、三百六十六日，人亦有四支、五藏、九窍、三百六十六节。天有风雨寒暑，人亦有取与喜怒。故胆为云，肺为气，肝为风，肾为雨，脾为雷，以与天地相参也，而心为之主。是故耳目者，日月也；血气者，风雨也。日中有踆乌，而月中有蟾蜍。日月失其行，薄蚀无光；风雨非其时，毁折生灾；五星失其行，州国受殃。夫天地之道，至纮以大，尚犹节其章光，爱其神明；人之耳目曷能久勤劳而不息乎？精神何能久驰骋而不既乎？”（《淮南子》卷七）

汉代哲学家董仲舒将这一思想发展壮大，直接提出了天人感应的系统性学说。董仲舒提出“人副天数”，即人体的一切结构皆可与天数对应。“人有三百六十节，偶天之数也；形体骨肉，偶地之厚也；上有耳目聪明，日月之象也；体有空窍理脉，川谷之象也；心有哀乐喜怒，神气之类也。观人之体，一何高物之甚，而类于天也……天地之符，阴阳之副，常设于身，身犹天也，数与之相参，故命与之相连也。天以终岁之数，成人之身，故小节三百六十六，副日数也；大节

① 周桂钿. 天地奥秘的探索历程. 北京：中国社会科学出版社，1988：299.

十二分，副月数也；内有五藏，副五行数也；外有四肢，副四时数也；乍视乍瞑，副昼夜也；乍刚乍柔，副冬夏也；乍哀乍乐，副阴阳也；心有计虑，副度数也；行有伦理，副天地也。此皆暗肤着身，与人俱生，比而偶之弇合。于其可数也，副数；不可数者，副类。皆当同而副天，一也。”（《春秋繁露·人副天数》第五十六）总之，董仲舒认为“天之副在乎人，人之情性有由天者矣”（《春秋繁露·为人者天》第四十一）。

在董仲舒看来，“人心副天心”，即人心因天心而生，随天心而动。董仲舒的天人感应思想不仅注重天的自然之维，更加注重天的伦理之维。天是仁天，因而人应当成为仁人。“仁之美者在于天。天，仁也。天覆育万物，既化而生之，有养而成之，事功无已，终而复始，凡举归之以奉人。察于天之意，无穷极之仁也。人之受命于天也，取仁于天而仁也。”（《春秋繁露·王道通三》第四十四）所以，不仅人的功能与结构要符合天心，人的伦理道德之心也要符合天心。董仲舒的天人感应理论是中国古代有机论思想的典型代表，不仅将“天”与“人”视为一体，更是将人的生理特征和性情欲念、社会结构、伦理道德、治理之道视为一体，是中国机体哲学发展的一个重要阶段。李约瑟在评价这种观点时认为这种观点强调“相互联系的思维”以及“小宇宙”和“大宇宙”（即人体和整个宇宙）之间的类比，而这种“相互联系的思维”使得各种事物都在一定位置上按照一定的规则运行，从而使自身成为依赖于整个事件的有机体而存在的一部分[①]。

受天人感应观念的影响，中国古代不少学者曾认为天地万物都是有生命的，因而用生命机体的关系解释自然界各种事物（包括无机事物及其相互关系）。尽管这种研究思路具有泛化的机体哲学倾向，从现代科学的视角看是不合理的，但是对于当时而言，有助于学者们发现各种事物在整体上的相互关系，促使人们思考各种事物之间的相互作用和内在联系，在客观上有一定的积极意义。

① 李约瑟. 李约瑟中国科学技术史：第二卷　科学思想史. 北京：科学出版社，上海：上海古籍出版社，1990：302-329.

三、元气说类型

元气说类型的机体哲学特征是将天地万物的演化都视为“元气”的聚散。从时间上看，在先秦时就有了这一思想的萌芽，在隋唐以后逐渐成为比较完整的思想体系，一直影响到清代末期。

先秦时期的精气说可以被视为元气说思想的萌芽。《管子》中认为天地万物的本原是流动不息的精气。“凡物之精，此则为生。下生五谷，上为列星。流于天地之间，谓之鬼神；藏于胸中，谓之圣人。”(《管子·内业》)在管仲看来，天地万物都出于精，精气是构成万物的最基本成分，而人也是由精气构成的。《庄子》里讲：“人之生，气之聚也。聚则为生，散则为死。”(《庄子·知北游》)这一时期的精气说更多地带有万物有灵说的色彩，将精气视为一种有生命的存在，进而化生出整个宇宙。

精气说后来演变为元气说，尽管二者都强调“气”的本质作用，但是“元气”较于“精气”具有更加抽象、更加深刻的含义，也因此对事物的本质有了更大的解释空间。汉代已经有了对“元气”的初步思考。我国学者金春峰认为董仲舒的思想体系是以“元”为本，“作为宇宙万物或宇宙本原的‘元’，就是‘元气’”[①]。曾振宇和范学辉更进一步认为，在董仲舒的思想中，“气”为宇宙本体，并且“气”是“一种有机的泛道德范畴”[②]。产生这种思考的原因在于董仲舒曾提出“元者为万物之本”，将元气视为天地未分之前的统一体。这种对宇宙生成论的论证是董仲舒建构“天人感应”的本体论基础[③]。东汉时期的王充提出了“元气自然”的观点，也是为了论证元气是宇宙生成的本原。《论衡》中写道：“说《易》者曰：元气未分，浑沌为一。儒书又言：溟涬濛澒，气未分之类也。及其分离，清者为天，浊者为地……含气之类，无有不长。天地，含气之自然也，从始立以来，年岁甚多，则天地相去，广狭远近，不可复计。”(《论衡·谈天》第三十

---

① 金春峰. 汉代思想史（增补第三版）. 北京：中国社会科学出版社，2006：124.

② 曾振宇，范学辉. 天人衡中：《春秋繁露》与中国文化. 开封：河南大学出版社，1998：49-50.

③ 康中乾. 董仲舒“天人感应”论的哲学意义. 吉林大学社会科学学报，2014，54（5）：106-115+174.

一）从“元气未分”到“天地合气、万物自生”，王充凸显了元气的化生作用，这本身是一种有机的过程。

隋唐以后，“元气”更加成为许多思想家关注的焦点，他们力图用“元气”的变化解释天地万物整体上的形成和演化过程。唐代柳宗元在《天说》中说道：“彼上而玄者，世谓之天；下而黄者，世谓之地；浑然而中处者，世谓之元气。”（《柳宗元集·天说》卷十六）北宋哲学家张载提出“太虚即气”“太虚无形，气之本体”“气之聚散于太虚，犹冰凝释于水”（《张子正蒙·太和篇》）。张载的“气”是宇宙间事物所遵循的规律，“气聚而生物，物之生系遵循一定的规律”[①]。气的“聚散攻取”有不同的形式，但本质上遵循了一定的规律，“天地之气，虽聚散攻取百涂，然其为理也，顺而不妄”（《张子正蒙·太和篇》）。张载再谈及气与性的关系时，认为“凡可状皆有也，凡有皆象也，凡象皆气也。气之性本虚而神，则神与性乃气所固有”（《张子正蒙·乾称篇》）。以此则气亦有其性，气聚而为人，人亦得其性。冯友兰认为，张载的性论注重于除我与非我之界限而使个体与宇宙合一，以个体之我为我，其余为非我，圣人破除我与非我的桎梏，以天下之物与己为一体，以我及其余之非我为一，亦即以全宇宙为一大我，至此境界，则我与天合而为一矣[②]。

张载之后，宋明理学者构造出“无极”生“太极”，“太极”生“阴阳”，“阴阳”生“五行”或“八卦”，“五行”或“八卦”生成万物的演化模式。清代哲学家戴震提出“气化流行，生生不息，是故谓之道”[③]。道教学者认为“混元即气”，还有些学者认为“一切皆气”。可是“气”的自身特性如何能解释天地万物的各种形态的复杂关系，一直都是学界语焉不详的话题。中国古代思想家对“气”的理解始终停留在直观体验的层面上，不断关注和思考“气”的聚散、流变、交合等特性，以及“气为理本”还是“理为气本”之类的问题，但是却缺少对“气”的实验研究和实证分析。

① 冯友兰. 中国哲学史（下册）. 上海：华东师范大学出版社，2000：230.

② 冯友兰. 中国哲学史（下册）. 上海：华东师范大学出版社，2000：235.

③ 转引自张岱年. 中国古典哲学概念范畴要论. 北京：中国社会科学出版社，1989：34-38.

不仅如此，在日常词汇中，人们更加注重气的形态和功能。只要是人们体验到的类似“气”的变化的动态属性，都可以称为“气”，比如“元气、朝气、暮气、福气、晦气、勇气、志气、骨气、风气、士气”等诸多说法，这些说法不仅仅是隐喻，而且反映了人们对人类社会活动的有机特性的体验和把握。中国古代哲学家将日常生活中对“气”的直观体验视为万物生成和演化的来源，这体现了一种机体哲学的观念。元气说类型的机体哲学思想与西方机体哲学思想有一定的相似之处，但元气说更加注重物质形态在空间上弥散的存在和连续不断的变化，这同西方哲学注重物质形态离散的存在和实体间的相互作用有明显的不同。美国物理学家 F. 卡普拉（F. Capra）曾经讨论过“气”的范畴和现代物理学中“场”的范畴的相似性。他说：“和量子场一样，‘气’也被看作是一种微妙而不可感知的物质形式，它存在于整个空间之中，并且能聚集成致密的有形物体……在量子场论中，场，或者说‘气’，不仅是一切有形物体的潜在本质，而且还以波的形式载带着它们的相互作用。”[①]

元气说类型的机体哲学思想注重事物的相互联系和整体性质，它把共性作为基点，在事物的相互联系和转化中理解个性[②]。这对于克服单纯的逻辑思维的局限性有一定的启发作用。

四、生命论类型

西学东渐以来，中国学者逐渐了解到西方近代科学的新成果，天命论类型、天人感应类型、元气说类型的机体哲学思想都逐渐退出历史舞台，这些具有泛化特征的机体哲学思想至少在说明物质结构和近代大机器生产活动方面遇到了挑战，因而一些学者开始关注生命现象，于是就出现了生命论类型的机体哲学。这一类型的机体哲学的特征在于注重生命机体在本体论、认识论和价值论方面的问题。

---

① F. 卡普拉. 物理学之“道”：近代物理学与东方神秘主义. 朱润生译. 北京：北京出版社，1999：198 -199.

② 王前. “原子”型思维与“元气”型思维——中西科学思维比较分析. 天津师大学报（社会科学版），1989（4）：30-33.

清末康有为将人的精神活动视为“神气”或“知气”使然。康有为在《大同书》中指出：“神者，有知之电也。光电能无所不传，神气能无所不感。”“夫神者，知气也，魂知也，精爽也，灵明也，明德也。”他甚至认为“知气”可以“随附百体，频历生死，益增神灵，绝无障碍”[①]。谭嗣同的思想既受到“仁者以天地万物为一体”的影响，也受到当时西方近代科学的影响，因此将仁与“以太”联系到一起。谭嗣同认为，“以太”和“仁”是事物的不同面，是“原质之原质”，为一个体的物之所以能聚为一个体，一团体的物之所以能聚为一团体之原因，亦即此物之所以能通于彼物之原因[②]。这种观点不免有将中国传统哲学范畴和西方自然科学范畴勉强凑到一起的嫌疑，诸多破绽也受到了后来学者的批评。林毓生曾指出，机体主义思维方式认为传统文化中的符号、价值和传统社会中的一切设施，都与传统中基本思想存在必然的有机式因果联系，“五四运动”以来的反传统主义认为这种观念应当全盘否定[③]。于是，如何保存和发扬中国传统文化中的合理成分成为当时争议的焦点。“新儒学”思潮应运而生，其中对生命哲学的关注，成为生命论类型机体哲学的主要发展脉络。

新儒学代表人物梁漱溟的生命哲学，是生命论类型机体哲学的典型体现。梁漱溟对“生命”的理解受到了柏格森哲学的影响，认为生命是一切的根本，生命能创造一切所能创造的，生命创造了宇宙，宇宙大生命不断地通过人的感官工具而活动，从而使事物不断地涌现，由此构成了“事的相续”。“相续”的概念类似于柏格森的“绵延”，认为“一切生物的生命原是生生不息，一个当下接续一个当下的”，是靠人的内感体验去把握的。梁漱溟的“相续”同时受到了佛教唯识论的影响，他说：“宇宙不是一个东西而是许多事情，不是恒在而是相续……宇宙但是相续，亦无相续者，相续既无常矣。”[④]梁漱溟赞同柏格森的直觉认识论，提出要认识宇宙生命不能靠感觉

① 冯友兰. 中国哲学史（下册）. 上海：华东师范大学出版社，2000：329.
② 冯友兰. 中国哲学史（下册）. 上海：华东师范大学出版社，2000：332.
③ 林毓生. 中国传统的创造性转化. 北京：生活 • 读书 • 新知三联书店，1988：179.
④ 中国文化书院学术委员会. 梁簌溟全集（第一卷）. 济南：山东人民出版社，1989：431-432.

和理性，而是要靠依附于感觉的直觉和依附于理性的直觉。“在直觉中，我与其所处的宇宙自然是浑然不分的。”[①]梁漱溟追求建构生命本体论，通过人的自省、自见、自证、自知来体悟宇宙生命，揭示人的生命的主体性。

熊十力的生命本体论将本体视为“能变”“恒转”，是一个生生不息的运动变化过程。本体最核心的特征是能动性、变易性和创生性。在熊十力看来，本体自身就是一个生化不已的运动变化过程，亦可将本体称为生命。生命本体即宇宙本体，是一种具有能动性和创生性的大化。熊十力将心、生命、精神三者等同，“本论心与生命、精神三名虽殊，而所目则一”[②]。在熊十力看来，生命力普遍地存在于一切有机体之中，是普遍存在于宇宙万物的品性。宇宙大生命与个体本心是一种“互既”的关系，人与宇宙大用为一体。

方东美的机体哲学思想是当代中国机体哲学最具有代表性的思想之一。方东美从传统中国哲学的视角出发，在对怀特海的机体哲学进行深入分析的基础上，提出了基于“圆融”的机体哲学思想。方东美赞同怀特海的“创生宇宙观”，并通过对比机械宇宙观，指出中国人的宇宙观是普遍生命流衍的境界而不是机械物质活动的场合，是冲虚中和的系统而不是机械因果的关系，是有道德性和艺术性的价值领域而不是没有价值的自然现象[③]。方东美认为天地之间“普遍的生命”具有育种成性、开物成务、创进不息、变化同幾、绵延不朽等五种含义，有一个理性的力量支配着生命活动始于创生，止于至善。方东美的生命哲学统摄百家，旁通统贯，是一种全方位的机体哲学。

新儒家学者关于生命论类型机体哲学的研究在揭示和弥补西方逻辑分析思维的局限性方面有重要价值，对于中国传统哲学的现代转化以及中西哲学思想的交融也具有关键作用。此外，我国部分当代学者也注重机体哲学的研究，他们多关注于重新建构基于中国古代思想精髓与西方现代科学理论的机体哲学思想，其中的一个切入

① 梁漱溟. 东西文化及其哲学. 北京：商务印书馆，1922：53.

② 熊十力. 熊十力全集（第六卷）. 武汉：湖北教育出版社，2001：177.

③ 俞懿娴. 圆融与机体——论方东美、程石泉二先生的核心思想. 孔子研究，2006（3）：57-65.

点就是价值与机体的内在联系。朱葆伟在其《机体与价值》《机体模型：意义与局限》等文章中提出了“准价值”或“前价值”（sub-value）的概念[1]。朱葆伟分析了怀特海的机体概念，强调对于怀特海而言，机体的全部活动都是价值的实现和持续，而价值是事件的“内部实在”，既是事物出现的原因，又是事物综合自身与其他事物的联系环节。然而，怀特海的价值概念是以泛心论为出发点的，包含了一切生命事物与非生命事物。朱葆伟从现代生物学理论和自组织理论出发，将非生命系统中的价值概括为“准价值”或“前价值”，强调的是非生命事物的意义——效用关系[2]。“准价值”或“前价值”将系统与环境、整体与部分耦合起来，组织成为一个有机的整体（或过程），它使有机体形成自己存在和发展的内部和外部条件，保证了其稳定存在并推动其自身发展。张华夏同样关注机体的价值问题，他提出了广义价值论[3]。广义价值包含了准价值（由非生命自组织系统定位的价值）、自然价值（由生命系统定位的价值）以及人文价值（由人类定位的价值），而且以上价值有一个发展的过程。当然，广义价值分为客观价值与主观价值、内在价值与工具价值、整体价值与局部价值。张华夏认为，广义价值论的提出是符合当代伦理学的发展要求的，因为当代伦理态度强调从人的价值到自然界的价值的扩展，强调人与环境的融合关系。这些研究成果从不同角度反映了中国机体哲学研究的现代进展，为进一步的深入研究奠定了思想基础。

中国机体哲学大体上经历了以上四个阶段。从研究思路和方法上看，中国机体哲学研究偏重直觉和体验的认识路径，相对缺少具体的逻辑分析和推理论证。李约瑟曾概括出中国传统机体哲学的三种特征：①将宇宙、生命、人类看作分层次且逐渐进化的有机体，认为有机体服从自己本性的内在的诫命，不需要外来的操纵者；②有机体内部的和相互间的关系要比实体更为基本，对这些关系的认识遵循着辩证关系，展示出有机的组织模式；③认识有机体及其关系的途径是体

---

① 朱葆伟. 机体模型：意义与局限. 哲学研究，1998（11）：8-17.

② 朱葆伟. 机体与价值//吴国盛. 自然哲学（第1辑）. 北京：中国社会科学出版社，1994：154.

③ 张华夏. 广义价值论. 中国社会科学，1998（4）：25-37.

验和直觉。同时，李约瑟也指出，中国传统机体哲学也有一些难以理解之处，比如事物之间相互影响的机制、象征及其解释系统的规律、直觉和体验的过程等，在他看来有某种神秘的色彩[①]。中国机体哲学的未来发展需要克服这些弱点，与西方机体哲学研究相互补充、相互促进。

第三节　以“生机”为逻辑起点的机体哲学

基于对西方机体哲学类型和中国传统机体哲学类型的比较研究，本书作者之一王前提出了以“生机”为逻辑起点的机体哲学思想。王前先后发表了《关于“机”的哲学思考》[②]、《机体哲学论纲》[③]、《机体哲学研究的当代价值》[④]、《机体哲学视野中的人工物研究》[⑤]、《以“生机”为逻辑起点的机体哲学探析》[⑥]、《当代中国发展理念的机体哲学解读》[⑦]、《人机关系：基于中国文化的机体哲学分析》[⑧]等学术论文，并且于2017年出版了《生机的意蕴——中国文化背景的机体哲学》一书，详细地讨论了这种基于中国文化背景的机体哲学，即以“生机”为逻辑起点的机体哲学。

一、“生机”的本质特征

建构以“生机”为逻辑起点的机体哲学首先需要对“生机”的本质特征做出分析，而理解“生机”的本质特征需要从对“机体”的理解入手。机体哲学研究是哲学研究中的一个特定领域，是对各种机体

---

① 王前. 中国传统的有机论思想. 传统文化与现代性，1998（2）：75-78.

② 王前. 关于“机”的哲学思考. 哲学分析，2013，4（5）：137-143.

③ 王前. 机体哲学论纲. 大连理工大学学报（社会科学版），2014，35（3）：1-5.

④ 王前. 机体哲学研究的当代价值. 光明日报，2013-08-06（第11版）.

⑤ 王前，杨阳. 机体哲学视野中的人工物研究. 科学技术哲学研究，2015，32（4）：76-80.

⑥ 王前. 以“生机”为逻辑起点的机体哲学探析. 武汉科技大学学报（社会科学版），2017，19（5）：520-525.

⑦ 王前. 当代中国发展理念的机体哲学解读. 光明日报，2016-02-17（第14版）.

⑧ 于雪，王前. 人机关系：基于中国文化的机体哲学分析. 科学技术哲学研究，2017，34（1）：97-102.

结构、功能和演化规律的哲学反思。但是在如何理解“机体”概念的问题上，中国和西方的机体哲学有着明显的差异。英文中“机体”一词是 organism，源自 organ，原指风琴类乐器发声的孔腔，后来引申为“器官”、“工具”或者“机构”。由于较复杂的生物都是许多器官的集合体，因此人们就将生物称为“有机体”或者“机体”①。西方文化语境中的“机体”具有从器物结构特征来理解生物本质特征的倾向，笛卡儿的“动物是机器”观点和拉美特利的“人是机器”观点就是这方面的典型代表。

然而，中文语境中的“机体”有着特殊含义。“机”的繁体字是“機”，源自“幾”。按照《说文解字》的说法，“幾”的意思是“微也，殆也”。它由两个“幺”和一个“戍”组成，“幺”的意思是幼小的儿童，“戍”的意思是“兵守”②。“幾”的字面意思是由两个小孩子把守城池，这显然是很危险的事情。这种预示危险的征兆成为“幾”，引申为各种事物变化的萌芽③。《易传》中对“幾”的解释是“幾即动之微”。明代学者方以智提出“通幾”的概念，表示通晓事物变化的内在根源，“寂感之蕴，深究其所自来，是曰通幾”④。把握“幾”的规律可以见微而知著。“機”从字面上看是一个木字旁加上“幾”，其最初的含义是弩箭上的机关，即“弩牙”。一扣扳机，弩箭就会发射出去，现代枪炮上的发射机关具有同样的道理。“機”意味着对器械运动过程和结果的控制，以实现“以较小的投入取得显著收益”的目的，这里蕴含着“幾”的价值，即抓住事物的苗头就能控制其发展⑤。现代汉语中很多由“机”组成的词语都具备由微小因素引发重大后果的特征，如“商机、机遇、机会、机巧、机缘”等。这都反映出“机”的价值，就是利用较小投入获得较大回报，主动控制事物的发展趋势，体现主观能动性。

中国文化背景下的机体哲学并不只是从“机”的角度理解“机

① I. 阿西摩夫. 科技名词探源. 卞毓麟，唐小英译. 上海：上海翻译出版公司，1985：190.
② 许慎. 说文解字. 北京：中华书局，1963：84.
③ 王前. 关于“机”的哲学思考. 哲学分析，2013，4（5）：137-143.
④ 转引自张岱年. 中国古典哲学概念范畴要论. 北京：中国社会科学出版社，1989：118-119.
⑤ 王前. 关于“机”的哲学思考. 哲学分析，2013，4（5）：137-143.

体”，它还关注“机体”的生长态势。“生机”是“生”与“机”的结合。“生”在《说文解字》中的解释是“生，进也。象草木生出于土上”[①]。从字面上看，“生”字描绘的是从土壤中长出幼苗，引申为自然呈现的新事物、新形态。“生机”不仅具有“机”的特性，即“以较小投入取得较大收益”，而且体现了“生”的特征，就是能够新陈代谢、自主调控、进化繁殖，具有目的性。概括说来，“生机”的特性指的是“能够以较小的投入取得显著收益的生长壮大态势”[②]。“生机”是“机体”的本质特征，它的展现贯穿于机体生长或发展的始终。凡是机体都必然存在其“生机”，“生机”是区别机体与非机体的一个根本特征。

“生机”是对“机”的含义在各种机体层面的拓展，意味着事物尚处于发展初期，但有希望不断壮大，将来取得显著结果。王前在《生机的意蕴——中国文化背景的机体哲学》中分析了“生机”在不同领域的具体表现，并从其中的共性出发提出了“生机”的本体论特征。从生物学视角看，“生机”与生育、生存、生长有着密切关系，从细胞的分化到组织和器官的发育都是“生机”的展现；从人类社会生活的视角看，“生机”与社会组织制度有着密切联系，形成了各种“机制”；从个人发展和人际关系视角看，“生机”就是其生存和生活的各种机会和机遇，生机勃勃是个人和群体兴旺发达的迹象；从工程技术领域视角看，“生机”的作用主要体现为根据人类生存与发展需要对工具和机器的制造与使用，在这个领域中，“生”的特征相对隐性化而“机”的特征相对明显化；在科学研究领域，“生机”的作用体现为通过创造性思维活动保持科学事业的生命力[③]。

正是由于“生机”有着多方面的作用，因此人们也从不同的角度关注“生机”的存在。从本体论的视角来看，“生机”作为一种“能够以很小投入取得显著收益的生长壮大态势”是对各种类型机体的一种深刻理解。只有将“生机”视为机体的最为本质的特征，才有可能通

---

① 许慎. 说文解字. 北京：中华书局，1963：127.

② 王前. 生机的意蕴——中国文化背景的机体哲学. 北京：人民出版社，2017：3-4.

③ 王前. 生机的意蕴——中国文化背景的机体哲学. 北京：人民出版社，2017：47-50.

过相互比照揭示各种类型机体的内在的本质联系。

二、基于“生机”的机体类型

以“生机”为逻辑起点的机体哲学思想承认机体与非机体之间的差异，这和西方的机体哲学思想有重要区别。西方机体哲学在演化过程中形成了四种基本类型，即“目的论类型”“活力论类型”“过程论类型”“系统论类型”（详见第二章第一节）。在不同类型的机体哲学思想中，都出现过不同形式的泛化倾向，就是将本来不属于机体的事物也视为属于机体，或者说将所有事物都视为机体，从而取消了机体与非机体之间的根本区别。比如，莱布尼茨的“单子论”、柏格森的“生命哲学”、怀特海的“过程哲学”以及贝塔朗菲的“系统论”，都是在本体论层面将一些并非仅仅属于机体的事物特征，如“单子”“绵延”“过程”“系统”等看作机体的本质特性，从而将一切事物都看作机体，建构能够解释一切事物变化发展的机体哲学体系[①]。以“生机”为逻辑起点的机体哲学是将“生机”作为“机体”的本质特征，基于此建构了一个平行于西方机体哲学思想的理论框架，以弥补西方泛机体主义倾向的不足。以“生机”为逻辑起点的机体哲学强调并非一切事物都是“机体”，但对机体的具体存在形态进行了新的类型论分析，揭示了以往对各类机体认识方面容易被忽略的性质。以“生机”为逻辑起点的机体哲学将“机体”分为四种不同类型，即“生命机体”“人工机体”“社会机体”“精神机体”。这四种不同类型的机体及其相互关系，为深入分析人机关系提供了重要的思路和方法。下面分别做简要介绍。

第一种类型的“机体”是“生命机体”（biological organisms），即蕴含“生机”的生物体。“生命机体”是最基本的同时也是最典型的机体，涉及世界上所有生物体，包括微生物、植物、动物和人类。但是，没有“生机”的生物（如已经死去的人或动物），尽管是由有机物构成的，但是已经不能称为生命机体了。生命机体的“生机”与“活

---

① 王前. 生机的意蕴——中国文化背景的机体哲学. 北京：人民出版社，2017：6.

力”（也称为“机能”）取决于其生理结构的复杂程度，体现为用较小的投入完成高效能的生理活动，比如通过敏锐发现外界信息而趋利避害，或者通过神经系统使微小的外界刺激引发全身的应激反应。人类还可以通过提高食物质量摄取更适合的营养，借助某些器具提高感官的功能和运动的机能。在各种生物中，只有人类的“生命机体”是与“人工机体”“社会机体”“精神机体”共存的。生命机体所展现的“生机”还体现在一些其他特征上，如新陈代谢、自动调节、进化、繁衍等，这些本质特征是从生物体的性质和形态中概括出来的，但同样也体现在了“生命机体”之外的某些事物中，由此形成了“人工机体”“社会机体”“精神机体”。

第二种类型的“机体”是“人工机体”（artificial organisms），即具备“机体”特征的人工物，这是人类将自身的生理和社会特征赋予各种自然物的结果。各种仿生的工具（比如钳子、锯、弓箭等，它们的结构和功能在不同程度上模仿了人类器官的结构和功能）、机器以及一些生活器物（如建筑物、照明线路、供暖管网、眼镜、假肢等）都可以被视为不同程度的“人工机体”。它们区别于纯粹的自然物，因为它们体现了“生机”的特征。但是一些结构过于简单的工具，比如石头、木棍、草绳之类，只是为了满足人们日常生产和生活的基本需要，并没有通过很小投入取得显著收益的功效，因而不具备“生机”，不能称为“人工机体”。再有一些已经彻底报废的工具、机器、生活器物，尽管曾经是“人工机体”，但是已经不再参与“生机”的生成和演化过程，也就不再是“人工机体”了。由此可见，只有那些能够在工程技术活动中带来更大经济和社会效益的人工物，才是有“生机”的“人工机体”。尽管“人工机体”在材质和结构上不同于“生命机体”，但是在某些方面或者某种程度上展现出与“生命机体”相似的特征和运行机理。比如“人工机体”只有运转起来，其中的有机特性才能显现，才能实现“以较小的投入取得显著收益”。“人工机体”也有“寿命”，即有着从产生、使用到老化、报废的历程。“人工机体”可以在人的干预之下不断调整其形状、结构和功能，以适应生产和生活的需要。在自动化机器中设置特定控制程序后，当内部或外部环境中出现某种干扰因素时，可以保持机器的性质、结构和功能的基本稳定。“人工机体”的结构越复杂，功能越强大，其最终控制的手段越简单，这体现了利用局部微小调整取得显著收益的过程。“人工机体”在演化和发展过程中，与“生命机体”形成相互依存和相互嵌入的关系，同“社会机体”和“精神机体”也有着密切的互动关系。机器是“人工机体”的一种形式，也是最典型的一种形式，因为机器较于普通工具或者其他生活器物（如建筑物等）有着更为明显的机体特征，因而它与“生命机体”“精神机体”“社会机体”之间有着更为复杂的联系。

第三种类型的“机体”是“社会机体”（social organisms），即具有“机体”特征的社会组织或机构。人类通过实践活动将“机体”特征赋予社会组织或者社会机构，使其内部联系具有“机体”的特征，从而成为“社会机体”。“社会机体是由个人按照一定的组织结构联系在一起的社会机构、团体、单位，包括以血缘关系结合在一起的家庭、家族、姻亲，也包括非血缘关系的社团、政党、军队以至国家。”[①]法国哲学家赫伯特·斯宾塞（Herbert Spencer）曾经提出过“社会机体”的概念，他将社会组织的特性同生物体的特性相比，认为社会分工类似动物机体器官的分工，可以用生物的自然选择解释社会的进化。但是这种类比缺少对“社会机体”自身机体特性的深入解释。“社会机体”中的“生机”和“活力”与社会机体的制度设计密切相关，按照一定规则运行的“社会机体”会相应地体现其功能，这也同社会机体成员的状态以及机体各部分之间的关系密切相关。“社会机体”与“生命机体”相互嵌入，也可以与“精神机体”相互嵌入。

第四种类型的“机体”是“精神机体”（mental organisms），即具有“机体”特征的思维模式、思想系统、文化观念等精神体系。与前三类机体不同，“精神机体”没有固定的形状和实体的边界，总是以“生命机体”和“社会机体”为载体，不可能独立存在。然而“精神机体”有其确定的结构和功能，有可以判断和评价的活力，能够调动人的生理活动和社会活动，影响其他类型机体的存在方式和发展趋势。

---

① 王前. 关于“机”的哲学思考. 哲学分析，2013，4（5）：137-143.

"精神机体"包括宏观和微观两个层面。宏观层面指的是很多人共有的、具有普遍意义的各种知识体系、心理结构、语言系统、游戏规则等，微观层面则指由个人层面的精神活动构成的有机整体。个人的"精神机体"虽然分属于宏观层面不同思想观念体系的"精神机体"，但是每个人的"精神机体"从整体上看都具有独特性，比如说个人对"自我"和"他我"的认知都具有"唯一性"。在微观层面的"精神机体"中，"生机"的作用表现为不断选择和确定生活和事业发展的目的，将眼前的行动和长远的打算联系起来，自觉捕捉社会生活中的各种机会。微观层面的"精神机体"中的"生机"，是驱动宏观层面"精神机体"中的"生机"，乃至"人工机体"和"社会机体"中的"生机"的思想源泉和动力。

以上这四种基本类型的"机体"在空间上和时间上耦合在一起。人们只能从逻辑角度将其区分开，事实上它们不可能完全独立存在。任何一个国家、地区、社团、机构，都包含"生命机体""人工机体""社会机体""精神机体"的不同成分，而任何个人都具有对"生命机体""社会机体""精神机体""人工机体"的不同依赖程度。在没有受到外界限制和干扰的情况下，任何组织和个人所具有的"生命机体""人工机体""社会机体""精神机体"都应该是相互协调、同步发展的，但是在现实生活中，四种类型的"机体"之间存在着相互牵制和相互冲突的现象，因而导致了发展水平不协调、不同步。尤其是在现代社会中，由于"人工机体"的发展具有一定程度的相对独立性，在市场竞争的环境下不断追求更快的发展速度和更高的效益，所以带动了"生命机体""社会机体""精神机体"也跟着加快步伐，有时候超出其合理的发展幅度，导致了某些不协调的现象。这也是当代社会中的人机关系的矛盾所在。

因此，当"人工机体"的发展速度过快，而"生命机体"的发展跟不上时，需要及时调整"人工机体"的结构与功能，使之适应人的生理和心理特点。当"社会机体"的发展跟不上"人工机体"的变化速度时，一方面需要调整"社会机体"的制度、管理方式和评价体系，使之适应"人工机体"的变化；另一方面需要调整"人工机体"

的结构与功能，避免对社会发展产生不利的影响。当“精神机体”的发展跟不上“人工机体”的变化速度时，最重要的是调整人的心态，培养其理性的自我控制能力，避免“精神机体”对“人工机体”的过度依赖。只有在动态过程中不断协调各种类型的“机体”的耦合关系，才能保证各类“机体”的健康发展，不断增强其生机和活力。以上四种类型的“机体”是以“生机”为核心要素的，对不同类型“机体”的划分及其内在逻辑关系的阐释正是本书的立论起点，也是本书尝试提出解决当代人机复杂关系的一种合理方案。

第三章　机体哲学视野中的“人”与“机器”

我们在对人机关系展开深入反思之前，必须对相关概念加以澄清，因为在不同的语境中，人与机器的关系问题所涉及的基本概念具有不同的内涵和外延。以机体哲学的视角分析人机关系，必须要在机体哲学的研究框架中澄清人与机器的不同本质特征，这就要对涉及人机关系分析中的“人”“机器”“人机关系”“功能”“意向”“责任”等概念做出解释。

第一节　机体哲学视野中的“人”

什么是“人”？这可能是哲学史上最古老也最难以回答的问题之一了。古希腊神话中有一个狮身人面的怪兽叫作斯芬克斯，经常坐在忒拜城附近的悬崖上向路人提问谜语，如果有人不能回答出它的谜语，就要被它吃掉。斯芬克斯曾问道：“什么东西早晨用四条腿走路，中午用两条腿走路，晚上用三条腿走路？”俄狄浦斯猜到了谜底是人，于是斯芬克斯羞愧而死。这个神话故事启发了人们关于“什么是人”或者“什么是人的本质”这一问题的深刻反思。

生物学认为人是地球生物中处于进化最高阶段的动物；人类学认为人是能够使用语言、具有复杂的社会组织的生物；社会学认为人是社会化的产物，人在社会环境中生存，又参与创造社会。不同的学科从不同的角度刻画了人的形象，有“自然人”“神人”“理性人”“反思人”，也有“政治人”“社会人”“文化人”“符号人”。于是，“人”成为宇宙中最复杂的一种存在。林德宏在《人与机器：高科技的本质与人文精神的复兴》一书中曾写道：“人，既是一种物质实体，又是精神载体；既是一种动物，又不是一般意义上的动物；既具有自然属性，又具有社会属性；既是一种自然存在，又是文化存在；既具有物质力量，又具有精神力量；既是自然界的产物，又是自然界的创造者。唯有人，融物质与精神为一体，是自然存在与社会存在的统一。唯有人，是自然、社会与思维三大世界的结合点。”[①]可见，人的复杂性和多样化需要从不同的层面来理解。

从机体哲学的视角理解“人”是将人视为“生命机体”“社会机体”“精神机体”的耦合。作为“生命机体”的人，是仅就其自然状态下的身体特征而言的，暂不考虑其他机体对生命机体的嵌入。在这个意义上，即使是暂时没有自觉意识活动的人（如熟睡中的人、全身麻醉状态的人）和长久没有意识活动的人（如植物人），也仍然属于生命机体意义上的人。作为“生命机体”的人，其“生机”的特征（能够以较小的投入取得显著收益的生长壮大态势）通常被称为“机能”。生命机体的机能取决于其生理结构的复杂程度，体现为以较小的投入完成高效能的生理活动，比如通过敏锐发现外界信息而趋利避害，或者通过神经系统使微小的外界刺激引发全身的应激反应[②]。生命机体特征是人最基本、最典型的特征，但并不是人类所独有的特征，所有的生物体都具备生命机体的特征，而人区别于其他生物体的关键在于“生命机体”“社会机体”“精神机体”的耦合，后两者才是人类所独有的特征。

作为“社会机体”的人，是就人的社会属性而言的。马克思曾说：“人的本质并不是单个人所固有的抽象物。在其现实性上，它是一切社会关系的总和。”[③]所以马克思说：“个人是社会存在物”，“人的本质是人的真正的社会联系”[④]，“只有在社会中才能发展自己的真正的天性”[⑤]。作为“社会机体”的人，其“生机”的特征不仅体现在社会

---

① 林德宏. 人与机器：高科技的本质与人文精神的复兴. 南京：江苏教育出版社，1999：1.

② 王前. 生机的意蕴——中国文化背景的机体哲学. 北京：人民出版社，2017：61.

③ 马克思，恩格斯. 马克思恩格斯全集（第1卷）. 北京：人民出版社，1995：84.

④ 马克思，恩格斯. 马克思恩格斯全集（第42卷）. 北京：人民出版社，1979：24.

⑤ 马克思，恩格斯. 马克思恩格斯全集（第2卷）. 北京：人民出版社，1972：167.

制度的“机能”上（按照一定规则运行的社会机体就会相应地体现其特定功能），更重要的是作为社会机体的人自身的“活力”状态以及人与人之间的社会互动方式。相似的社会制度和社会结构可能会呈现出人与人之间不同的社会互动方式，这是因为其中的“生机”与“活力”可能不同。

作为“精神机体”的人，是就人的思维能力和创造能力而言的。笛卡儿有一句名言：“我思故我在。”人因为有“思”而知“在”，思维能力成为人之为人的前提条件。在“思”的前提下，人可以实践，“实践的本质是创造”，“创造是人的存在方式，人只能在创造活动中存在，唯有创造使人成为人”[①]。这正是“生机”在作为精神机体的人之中的体现。

总体看来，从机体哲学的视角理解“人”的本质可以将人视为“生命机体”“社会机体”“精神机体”的耦合。三种“机体”之间的相互作用共同呈现出了人的生物性、社会性和创造性的耦合特征，三种“机体”的特征共同作用于人，由此呈现出人的复杂性和独特性。

第二节　机体哲学视野中的“机器”

什么是“机器”？什么是人与机器的本质联系？问题的答案要从机器的历史特征和时代特征中加以探究。

“机器”一词的英文是 machine，machine 同时包含了“机械”“机构”等含义。美国著名技术哲学家卡尔·米切姆（Carl Mitcham）从历史的角度概括了 machine 一词的四重含义[②]。首先，machine 可以指古希腊、古罗马时期的一些简单工具或者由此而来的某些组合，这些简单工具包括杠杆、楔子、轮子、轮轴（辘轳）、滑轮组（块和滑轮）、螺丝及斜坡等。其次，machine 还可以指所有那些由于其能量需要而要求两个以上的人来操作的工具或大型简单机器，如弹射器。最

① 林德宏. 人与机器：高科技的本质与人文精神的复兴. 南京：江苏教育出版社，1999：5.

② 卡尔·米切姆. 通过技术思考——工程与哲学之间的道路. 陈凡，朱春艳译. 沈阳：辽宁人民出版社，2008：221-225.

后，machine 还可以指那些不依赖于人的能量的工具——尽管它们仍需要人类的指导和控制。这里包括四种动力方式：依赖人力或畜力的机器（马拉的犁）；直接利用来自自然的机械能量的机器（风轮、水轮）；从热中创造自己的机械能的机器（热机，如蒸汽机、内燃机）；使用某种抽象形式能量的机械（电的、化学的）。以上三种定义是机器的广泛特征，机器被视为传输能量的重要手段。随着技术自身的发展，machine 被赋予了新的时代含义，它可以表示一种自动化装置，这种装置在设计和制造抑或组装过程中既不需要人来给它能量，也不需要人的直接操作，这种 machine 被称为控制论的或自我控制装置的机器，也就是米切姆所说的第四种含义。

机器作为技术人工物中的一个特定组成部分，不同于生活器物、建筑物等技术人工物。我国学者林德宏概括了机器的九个特征：①机器是由零件组装而成的，各个零件保留其独立的功能，拆散重组后可以还原成原来的模样；②机器具有稳定的结构，它在运转中不会改变自身的结构，也不会转化为另一台机器；③机器启动的动因不在机器内部，而在机器外部；④机器的运转基本上是机械运动，并需要尽可能排除其他运动；⑤机器具有还原性，即能把一些复杂的运动还原为简单的机械运动；⑥机器的运转在本质上是可逆的过程；⑦机器按必然性运转，如果出现了偶然性，那就表示发生故障了；⑧机器的运转具有高度的精确性；⑨机器运转和产品规格的各种数量都可以精确地预言[①]。从这些特征出发，冷冰冰的“机器”似乎与人们习惯上理解的活生生的“机体”完全对立，但是，随着信息时代的到来，尤其是智能技术与新材料技术的发展，机器似乎越来越具有“人”形。机器的制作和使用日益表现出与人的生理特征相互适应和相互嵌入的倾向，“机器”与“机体”的传统鸿沟正在缩小。从以“生机”为逻辑起点的机体哲学角度看，人类将“生机”的特性赋予某些人工物，使之成为体现机体特性的“人工机体”，而机器就是其中的一类。将机器称为“人工机体”很可能招致

① 林德宏. 人与机器：高科技的本质与人文精神的复兴. 南京：江苏教育出版社，1999：72-74.

批评，因为“机体”被认为是有生命的存在，而机器则是无生命的东西。那么，在何种意义上可以将机器称为“人工机体”呢？机器又是如何体现了“生机”的特性呢？

首先需要说明的是，“人工机体”的概念是在隐喻意义基础上提出的，不同于“人工生命”或者“人造生命”的概念。“人工生命”（artificial life，或称“人造生命”）指的是从其他生命体中提取基因，建立新染色体，随后将其嵌入已经被剔除了遗传密码的细胞之中，最终由这些人工染色体控制这个细胞，发育变成新的生命体。例如，2010 年以 J. 克雷格·文特尔（J. Craig Venter）为首的科研小组宣布创造出由人造基因控制的细胞——“辛西娅”（Synthia）[①]。人工生命从可能性到现实性的转变，表达了科学家从修补有机体到创生有机体的过程，是以技术手段实现生命的重组与再造。然而，“人工机体”的本质是技术人工物，是无生命形式的物质表现出的机体特性，这是二者的根本不同。

其次需要回答的是：是不是所有的机器都具有“生机”的特性，都可以被称为“人工机体”？答案是否定的。前面说过，彻底报废了的机器或者功能失常的机器，尽管曾经是“人工机体”，但是已经没有机器的使用价值，因此也不再是“人工机体”了。只有在正常使用、运转和发展过程中的机器才具有“生机”的特性，才是“人工机体”。具体而言，机器作为“人工机体”显示出了以下特征。

（1）作为“人工机体”的机器是有“寿命”的，即机器有着从产生、使用到老化、报废的历程。机器的“寿命”，就是机器对人而言具有使用价值的期限。任何一台机器都具有有效的使用日期。机器一旦磨损到不能生产合格产品的程度，或生产的产品已经被市场淘汰的时候，就需要更新换代[②]。机器的机体特性还体现在机器不运转的时候，可以隐蔽地保存自身的机体特性，一旦有外力驱动就可以重新运转，恢复正常功能。这很类似微生物的孢子和某些植物的种

① Gibson D, Glass J, Lartigue C, et al. Creation of a bacterial cell controlled by a chemically synthesized genome. Science, 2010, 329(5987): 52-56.

② 王前，杨阳. 机体哲学视野中的人工物研究. 科学技术哲学研究，2015，32（4）：76-80.

子，在不具备生长条件时能够长久保持原始形态，一旦有了适当条件就会萌发。

（2）作为“人工机体”的机器在运行过程中展现出了“以较小投入获取显著收益”的机体特性。对于生命机体而言，通过较小的能量摄入，可以完成高效能的生理活动。越高级的生物体，其功能转化的效果越明显。对于机器而言，“机器结构越复杂，功能越强大，其最终控制的手段越简单”，因为“机器的设计就是设法调动自然界的能量和物质，通过较小的人力投入实现巨大的收益”[①]。比如，智能机器人只需要操作几个按钮，就可以实现为使用者服务的目的。另外，机器在运行过程中还需具有抗干扰能力，这种抗干扰能力类似于生物机体的自我调节功能。生物体在自身的成长过程中“见微而知著”，以局部微小的调整换来整体上规避风险、寻求生存和发展的机会。对于机器而言，设计初始都被要求具有一定的抗干扰能力，使得特定范围内的外来干扰不足以影响机器的正常运行。如果超出机器抗干扰能力的范围，机器则会出现故障或停止运行。这其实类似于“生命机体”的自组织和自适应特征。

（3）作为“人工机体”的机器在运行过程中还体现出某种“活性”。尚未被使用的机器只具有潜在的使用价值和功能。机器只有运转起来，进入人的生活状态之中，体现为一种生活中的存在，才是真正对人类有用的“人工机体”。运转起来的机器展示了机器与使用者之间相互影响、相互制约的有机联系，而且机器的各部分之间同样有着不可分割的联系，割断各个零件之间的联系会导致整个机器的错误运行或损坏。此外，单独的零件不具备整体的功能，不同零件的组合也会产生不同的功能。机器零件之间各部分的运行彼此紧扣，缺少一些重要的零件会导致整个机器的损毁。例如，美国“挑战者号”航天飞机的失事，就是其中的一个零件——O 型密封圈——失灵导致的。

（4）在隐喻意义上，作为“人工机体”的机器具有自我发展和繁殖的功能。机器的自我发展指的是新的机器会取代旧的机器，但旧机

---

① 王前. 关于“机”的哲学思考. 哲学分析，2013，4（5）：137-143.

器中的合理结构会被保留下来。机器的繁殖则强调利用机器能够不断生产新的工具、机器等设备。对于一般的机器而言，尽管自身不具有生物学意义上的发展与繁殖功能，但是人类可以根据需要批量复制生产特定型号的机器。自动机器在设置特定控制程序后，也可以批量复制自身结构，保留其基本特征。从机器发展的整个历程看，任何机器都不是突然出现的，机器的发展是连续的，新的机器是建立在对旧的机器的改造之上的。比如，伊莱·惠特尼（Eli Whitney）的轧棉机吸收了印度“手纺车”的特点；发明电动机的人转向蒸汽动力寻求指引；爱迪生深入煤气照明领域为他的电力照明系统寻找模型；等等①。这类似于“生命机体”的自我发展和繁殖过程②，就是与外界环境之间进行物质和能量的交换，不断衍生出新的机器类型，增强其有序性和复杂性。

本书从机体哲学的视角出发，将机器视为“人工机体”。这里强调的是机器在不同程度上体现了“生机”的特性，即机体的共同本质特征，并不意味着将机器视为有生理特征或心理特征的东西。将机器视为具有不同程度机体特性的“人工机体”，突出了“人工机体”与“生命机体”“社会机体”“精神机体”之间的密切互动关系，从而有助于协调机器的发展与人类社会发展之间的关系。

第三节 “人机关系”的机体哲学阐释

按照字面的解释，“人机关系”指的是人与机器之间的关系问题。按照对机器概念的理解，机器不完全等同于技术，但是机器包含在技术的范围之内；机器也不完全等同于技术人工物，它是技术人工物的一个类别。广义上看，“人机关系”包含在“人-技”关系和“人-物”关系之中，但又表现出不同于一般的“人-技”关系或“人-物”关系的特点。

---

① 巴萨拉. 技术发展简史. 周光发译. 上海：复旦大学出版社，2002：68 .

② Van den Dobbelsteen A, Keeffe G, Tillie N, et al. Cities as organisms//Roggema R. Swarming Landscapes: Advances in Global Change Research. Dordrecht: Springer, 2012: 195-206.

从本体论上看，人机关系讨论的是“人是机器”（把人归结为某种机器）还是“机器是人”（把机器归结为人的某些功能的物化）的根本问题，这里反映出“人”与“机器”所代表的深层次象征，即“有机性”还是“机械性”。一般认为，把机器归结为人的某些功能的物化，奠基于一种“有机论”的世界观，即把世界视为一种相互联系的机体；而把人归结为某种机器，奠基于一种“机械论”的世界观，即从标准、集中、同步等机器特征考察人的存在方式。在认识论方面，人机关系讨论的主题是人如何通过自身的方式认识机器的发展规律，并通过机器的作用了解人自身的认识规律和认知特征的演变。在伦理学方面，人机关系考虑的是人与机器交互作用中产生的伦理道德问题，或者是人作为道德行为主体如何妥善地使用机器以实现道德的目的，或者是机器作为负载道德价值的行为客体如何影响或改变人类的社会生活。以不同的方法研究不同视角下的人机关系，涉及现象学技术哲学、解释学技术哲学、生存论技术哲学或者技术伦理学等思想流派。

以机体哲学的视角研究人机关系，不同于其他思想流派的研究视角，这里主要以人与机器之间共同的机体特性为出发点，分析人与机器之间如何相互影响、相互作用。在技术哲学发展史中，揭示机体特征对技术哲学的影响的思想可以归纳为机体主义技术哲学思想[①]。机体主义对技术哲学的影响始终存在，这是由于机体与机器之间的内在逻辑联系和相互促进的关系始终存在，但是这种内在逻辑和相互促进的关系在古代、近代和现代的不同时期表现出不同的特征。古代的机体主义技术哲学思想主要体现在对自然与技术的关系问题的探索中。

原始人群对技术起源和技术功能的理解就已经带有机体主义的思想特征，其基本思路是把技术活动看作具有机体特征的过程，比如冶炼过程被认为是模仿了有机的“生育”过程[②]。到了古希腊时期，亚里士多德将技术看作对自然的模仿，他认为“一般来说技术在某种意义上完成

① 于雪，王前. 机体主义视角的技术哲学探析. 自然辩证法研究，2012，8（11）：30-35.

② 高亮华. 像树一样的机器——有机论视野中的技术理论. 自然辩证法通讯，1995，17（6）：10-16.

自然所不能完成的东西，在某种意义上模仿自然”[①]。这里的模仿是指对过程的模仿，即模仿自然生成事物的模式，并通过工匠或建筑者将“目的”赋予事物，从而帮助自然完成其本身不能完成的过程。

近代以来，以机械论的视角看待技术问题成为主流，而机体主义的技术哲学研究相对隐蔽。其中，莱布尼茨认为由人的技术创造的人工制品与“自然”不同，自然是一个有机整体，它的每一部分都是有机的。“因为一架由人的技艺制造出来的机器，它的每一部分并不是一架机器，例如，一个黄铜轮子的齿有一些部分或片段，这些部分或片段对我们来说，已不再是人造的东西，并没有表现出它是一架机器，像铜轮子那样有特定的用途。可是自然的机器亦即活的形体则不然，它们的无穷小的部分也还是机器。”[②]莱布尼茨将自然理解为有机的机器，而且高于人造的机器，实际上为用机体特性引导人造机器的发展提供了可能的思路。“机体”和“机器”并非对立的两极，机器的设计和制造也是机体某些特征不断物化的过程。莱布尼茨的机体主义技术哲学思想引起了后来的一系列关注，如恩斯特·卡普的“器官投影说”、马克思的“器官延长说”以及阿诺德·盖伦的“器官代替”和“器官强化”原则等理论，都是从机体主义的视角分析了人与技术的亲密关系。

现代技术哲学理论中，仍有一部分受到了机体哲学的影响。例如，布鲁诺·拉图尔（Bruno Latour）的“行动者网络”理论和唐娜·J. 哈拉维（Donna J. Haraway）的“赛博格”理论都受到了怀特海机体哲学的影响[③]。此外，约纳斯的技术伦理思想也立足于其自身的机体主义思想。约纳斯认为，有机体具有心灵作用，不仅人类对其自身的生存与发展进行思考，所有的有机物都对其自身的生存表示关心，并且在世界活动中避免自己的消亡[④]。约纳斯指出，“物质自我组织的行为证实了存在于深处的一种潜在的有机倾向”；“人类心灵的出现并不是在自然界中划了一条鸿沟，而是发展了潜在于一切有机存在

---

① 亚里士多德. 亚里士多德全集（第二卷）. 苗力田译. 北京：商务印书馆，1982：52.

② 北京大学哲学系外国哲学史教研室编译. 十六—十八世纪西欧各国哲学. 北京：商务印书馆，1961：495.

③ Dusek V. Philosophy of Technology: An Introduction. Oxford: Blackwell Publishing, 2006: 207.

④ 张新樟. 诺斯、政治与治疗——诺斯替主义的当代诠释. 杭州：浙江大学出版社，2008：87.

物中的东西”[1]。约纳斯的机体主义从有机体的生物特性出发，把包括人类在内的有机物看作自然的守卫者，由此反对技术对自然的肆意改造和控制。在约纳斯看来，自然本身是善的，具有价值、寓意目的，有机体参与“价值决定”只能是出于责任的约束。

机体主义技术哲学思想为构建基于中国传统文化的机体哲学理论框架提供了思想借鉴。从以“生机”为逻辑起点的机体哲学视角看，人机关系实质上是“生命机体”“精神机体”“社会机体”耦合的“人”与作为“人工机体”的机器之间的关系。因此，人与机器之间的互动可以视为四种类型“机体”之间的互动。在机体哲学视角下分析人机关系，实质上分析的是人如何将自身的机体特性赋予机器，以及机器又如何反过来渗透、嵌入人自身的机体特性之中。在这个意义上，机体哲学视角下的人机关系问题研究，就是分析人与机器互动过程中的机体特性的凸显，以及其背后的深刻原因。

第四节　机体哲学视野中的功能、意向和责任

在技术哲学研究中，“功能”“意向”“责任”都是具有特定含义的重要范畴。“功能”描述了某个实体基于其内部结构特征而对外部产生影响的过程，表示该实体的一种实际用途和效能。“意向”原是描述人的思维活动和心理活动的术语，表示“打算”“意愿”“想要”做某事，在技术哲学中表示对技术物品实现某种用途的目的设定或预期。“责任”是在社会语境中建构起来的概念，用来表示某人对某一行为的后果负责，承担相应的义务。“功能”“意向”“责任”可以在不同的情境中单独讨论，但是它们之间的深刻联系却不容忽视。首先，“功能”作为一种现象描述，表达了某个物品的实际用途。“用途”寓意着“想要被用作什么”的目的，这种“目的”反映出的是与“功能”相关的主体的“意向”。其次，“意向”作为一种心理活动和思维活动的建

---

① Jonas H. The Phenomenon of Life: Toward a Philosophical Biology. New York: Harper & Row, 1996: 4.

构，需要经由“潜能”转变为“现实”，其表达需要借助“功能”得以实现。最后，认知和行为主体通过实现“意向”的过程，赋予了不同物品以实际的特性和用途，使其表现出在固定关系中的特定“角色”，“角色”意味着这些物品在社会关系中承担了某种意义上的“责任”。因此，“功能”“意向”“责任”在涉及技术物品的研究中具有明确的因果关系。

为了进一步说明“功能”“意向”“责任”三者之间的内在关系，首先需要阐释涉及“功能”“意向”“责任”的理论基础。在当前的技术哲学相关理论中，与“功能”“意向”“责任”三个概念关系比较密切的是技术功能理论、技术中介理论和责任伦理学。为了更好地理解机体哲学视野中的“功能”“意向”“责任”，下面对三个理论做出简要介绍。

一、技术功能理论

自 20 世纪 80 年代以来，技术哲学开启了“经验转向”。彼得·克洛斯和安东尼·梅耶斯强调打开技术“黑箱”，关注技术哲学的经验研究，其中关于技术功能的研究具有代表性。

哲学史中对“功能”概念的关注最初主要集中于生物学领域，其后这一领域的研究相继关注了社会功能、心理学功能或者语言学功能，而对技术功能的关注相对较少。从现有研究成果看，对技术功能或者技术人工物功能的关注，大致有以下三种理论。

第一种是意向功能理论（Intentional Function Theory），简称 I 理论。意向功能理论的基本思路是：主体的意向、信念和行动决定了技术人工物的功能。一个技术活动的主体（比如一个发明家或工程师）想要设计或者建构一个人工物，首先要建构关于该人工物的目标或者性能，通过具体的技术活动，可以将该人工物的功能描述为实现该目标或者体现该性能。换句话说，根据意向功能理论，主体将功能归属于某个技术人工物用以促成其目标，而且也基于这些目标从功能角度描述了人工物本身及其组成部分。凯伦·尼恩德尔（Karen Neander）关于技术功能的理论，借鉴了对生物功能的理解，并进一步加以拓展。她关于功能的定义是“一个性状的适当功能是去做任何被选择的事情”[①]。其中，“选择”在生物学语境中表示“自然选择”，而在技术人工物的语境中表示“主体的意向选择”。因此，她将技术功能的特点定义为：“由主体设计、制造，或（至少）将其摆在合适的位置或保留它的目的。”[②]对于尼恩德尔而言，技术的功能对应于目标，涉及人工物的主体可以将信念、意向等归属于人工物的功能。另外，朱利安·比格罗（Julian Bigelow）和罗伯特·帕格特（Robert Pargetter）从“选择的倾向”出发讨论了技术的功能，他们认为“一个物品由于它具有相关的效果，当它有着选择的倾向时就会具有某种功能”[③]。这里的“选择的倾向”指的是人出于某种目的对人工物的选择，而且由于它的性能的某种表征，人们会将功能归属于它。另外一个适用于意向功能理论的代表观点是由麦克劳林提出的，他认为“在全部人工物的功能的例子中，决定它们的功能或目的完全是外部的，它依赖于设计者、制造者、使用者等的实际意向”[④]。对于麦克劳林而言，主体的实际意向决定了技术人工物的功能。塞尔描绘了主体把功能赋予技术物品的能力，在他看来功能不是内在于技术物品的特性，而是主体加在相关技术物品上的价值的特征归属。简单地说，人工物的功能与价值来源于主体的实践意向和信念。I 理论在阐释技术人工物的功能时强调人类意向的重要性，这实际上表达了人类意向活动对人工物的功能起到了决定性作用。

关于技术功能的第二种理论是因果-作用功能理论（Causal-Role Theory of Functions），简称 C 理论。其主要代表人物是罗伯特·卡明斯，其主要观点是物品的功能与这些物品在复合系统中所具有的因果作用相关。根据卡明斯的观点，功能归属产生于对系统性能的解释的

---

① Neander K. Functions as selected effects: The conceptual analyst's defense. Philosophy of Science, 1991, 58(2): 168-184.

② Neander K. The teleological notion of 'function'. Australasian Journal of Philosophy, 1991, 69(4): 454-468.

③ Bigelow J, Pargetter R. Functions. Journal of Philosophy, 1987, 84(4): 181-196.

④ McLaughlin P. What Functions Explain? Cambridge: Cambridge University Press, 2001: 52.

情境之中[1]，系统的性能可以称其为功能，而且包含该系统的更大系统的某些功能也与该系统的功能相关。换句话说，系统的功能是指这些系统在更大系统中所具有的因果作用。在卡明斯的理论中，人工物的功能指的是人工物的性能，而不是意向功能理论中所指的目标。另外，塞尔的功能理论也包含了关于功能的因果作用的解释。塞尔认为，一个物品的功能是相关于该物品所引起或导致的事情的，这是因为在一个较大的系统中，该物品是系统的一个组成部分，只是这些系统有一部分由主体赋予了"普遍的目的、目标和价值"[2]。C 理论在理解人工物的功能时强调人工物性能的因果作用，但是某个人工物以及包含该人工物的更大系统所具有的性能或功能是建立在人类设计活动的基础之上的。

第三种关于技术功能的理论是进化的功能理论（Evolutionist Function Theory），简称 E 理论。其中，露丝·米利肯（Ruth Millikan）的功能理论可以视为典型的代表。米利肯定义了两种类型的人工物的功能，即"直接的适当功能"（direct proper functions）和"衍生的适当功能"（derived proper functions）。其中，"直接的适当功能"是相对于物品的"重复组建的家族"（reproductively established families）来定义的，"重复组建"是一个长期的过程，体现了人工物的功能的进化特征。任何一个有着"重复组建"的历史的人工物，都是先前已有的人工物的后继者，它们存在于一定的序列当中。人工物的某种功能的进化体现在当前的人工物是对先前的人工物的某种功能的复制上，而且这种复制是由诸如设计者、工程师或者技工这样的主体实现的[3]。E 理论强调功能进化的作用，指出人工物功能的进化是基于人类选择的结果。

现存的一些关于技术功能的理论有时体现了以上三种理论的不同

① Cummins R. Functional analysis. Journal of Philosophy, 1975, 72(20): 741-765.

② Searle J R. The Construction of Social Reality. New Heaven: Free Press, 1995.

③ Millikan R G. White Queen Psychology and Other Essays for Alice. Cambridge: The MIT Press, 1993；Millikan R G. Language, Thought, and Other Biological Categories: New Foundations for Realism. Cambridge: The MIT Press, 1984.

程度的结合[①]，如菲利普·基切尔（Philip Kitcher）的IC析取理论[②]、乌尔里克·克罗斯（Ulrich Krohs）的IC合取理论[③]、丹·斯珀伯（Dan Sperber）的IE析取理论[④]、保罗·E.格里菲思（Paul E. Griffiths）的IE合取理论[⑤]、贝斯·普雷斯顿（Beth Preston）的CE析取理论[⑥]以及保罗·谢尔登·戴维斯（Paul Sheldon Davies）的CE合取理论[⑦]。然而，这些理论在解释技术人工物的功能的时候或多或少地存在着局限性。荷兰学者威伯·霍克斯（Wybo Houkes）和彼得·弗玛斯（Pieter E. Vermaas）在研究了现有的技术功能理论的基础上，提出了基于“使用-计划”（use-plan）的ICE理论。霍克斯和弗玛斯认为，技术功能理论需要满足人工物的四种用处：①适当的-偶然的用处；②得到支持的用处；③创新的用处；④功能偶发性失常的用处（表3-1）[⑧]。现有的I理论尽管立足于意向行动和人工物的功能归属之间的直观联系，但是它不排斥任何意向行动的可能性，在逻辑上允许各种直觉上不正确的功能归属，因而不能满足“得到支持的用处”；C理论从人工物的性能出发描述其对应的功能，存在着很强的使用性，但是却不能满足“功能偶发性失常的用处”；E理论支持通过人工物的物理化学结构来实现其功能，但是这些功能需要重复历史性的功能，因此不能满足“创新的用处”。然而，ICE理论可以在“使用-计划”的框架中，同时满足以上四种用途。在意向要素中，“使用-计划”的

① 霍克斯和弗玛斯提出两种形式的结合，即析取和合取。析取指的是两个或者多个功能理论的结合接受其中每个理论允许的所有功能归属，合取则只接受两个结合理论共同允许的功能归属。

② 基切尔提出的技术功能理论类似于意向功能理论（I理论）和因果-作用功能理论（C理论）的析取，因此称为IC析取理论。

③ 克罗斯的IC合取理论是指包含意向功能理论（I理论）要素的因果-作用功能理论（C理论）。

④ 斯珀伯的技术功能理论是关于人工物的意向功能理论（I理论）和关于文化的目的功能的进化的功能理论（E理论），因此称为IE析取理论。

⑤ 格里菲思的技术功能理论既是意向功能理论（I理论）也是进化的功能理论（E理论），因此称为IE合取理论。

⑥ 普雷斯顿的技术功能理论是关于因果-作用功能理论（C理论）和进化的功能理论（E理论），因此她的CE析取理论有望在C理论和E理论失效的情况下出现。

⑦ 戴维斯的技术功能理论是因果-作用功能理论（C理论）和进化的功能理论（E理论）的合取，因此称为关于人工物的CE合取理论。

⑧ 威伯·霍克斯，彼得·弗玛斯. 技术的功能：面向人工物的使用与设计. 刘本英译. 北京：科学出版社，2015：5.

方法要求“如果主体相信人工物使用计划的执行实现了目的，那么人工物只是达到目的的手段”[①]，这限制了功能的扩散，因为要求主体从有效的“使用-计划”出发。在因果-作用要素中，“功能归属的主体应该相信存在一个使用计划，与其相关的功能可以被归属，他们应该相信执行这个计划就实现了目标”[②]。不仅如此，功能归属的主体需要基于某种解释来确证他们的关于人工物使用计划的“有效性信念”（effectiveness belief）的正当性，这种正当理由的要求可以排除人工物和没有得到执行的目标的联系。在进化的要素中，“使用-计划”的方法要求“人工物的相关历史关注使用计划的传达（communication）”，“计划的传达给其他主体提供了信念的支持”[③]，即关于人工物使用计划的“有效性信念”是正当的。

表 3-1　人工物的理论涉及的人工物的四种用处

分类	解释
适当的-偶然的用处（the proper-accidental desideratum）	一种人工物的理论应该允许人工物有着某种限定且持久的适当功能，以及较为短暂的偶然功能
得到支持的用处（the support desideratum）	一种人工物的理论应该要求存在将某种功能归属于人工物的支持性依据，即使该人工物出现功能紊乱或只有短暂功能
创新的用处（the innovation desideratum）	一种人工物的理论应该能将直觉上正确的功能归属于新奇的人工物
功能偶发性失常的用处（the malfunctioning desideratum）	一种人工物的理论应该引入一个允许功能偶发性失常的适当功能的概念

霍克斯和弗玛斯的 ICE 理论实际上强调人工物的功能是由相关的主体赋予的，这里的主体指的是设计人工物“使用-计划”的相关主体，他们将自身的信念赋予“使用-计划”从而产生了功能。ICE 理论详细地描述了人工物的功能归属，人工物的功能同时涉及意向作用、

① 威伯·霍克斯，彼得·弗玛斯. 技术的功能：面向人工物的使用与设计. 刘本英译. 北京：科学出版社，2015：72.

② 威伯·霍克斯，彼得·弗玛斯. 技术的功能：面向人工物的使用与设计. 刘本英译. 北京：科学出版社，2015：72.

③ 威伯·霍克斯，彼得·弗玛斯. 技术的功能：面向人工物的使用与设计. 刘本英译. 北京：科学出版社，2015：74.

因果作用和进化作用，该理论为理解机体哲学视野中的“功能”及功能转移提供了思想基础。

二、技术中介理论

关于技术自身的意向作用问题，技术哲学理论经历了由技术中性论到技术中介论的转变。技术中性论强调人与技术的对立性，将技术作为价值中立的工具。技术的运行规律独立于人的生存规律。亚里士多德将技术看作手段而非目的，人类利用技术以实现模仿自然、超越自然的目的。因此，与人相比，技术是第二性的东西，技术活动中存在着客观的、中性的内容[①]。亚里士多德关于技术的看法可以被视为朴素的技术中性论，为 18 世纪工业革命后的技术中性论奠定了思想基础。工业革命后，工具逐渐被机器代替，技术的独立性也逐渐明显。技术中性论认为，“技术被看作中性的，在机械术语中，技术被看作工具和产品。技术没有负载价值，而是工程的成就”[②]。技术中性论的典型代表卡尔·雅斯贝尔斯（Karl Jaspers）直截了当地阐明道：“技术在本质上既非善也非恶，而是既可以为善也可以为恶，技术本身不包含观念，既无完善的观念也无恶魔似的毁灭观念，完善观念和恶魔观念有其他的起源，这就是人，只有人才赋予技术以意义。”[③]在雅斯贝尔斯之后，哈佛大学技术与社会项目前研究主任伊曼纽尔·梅塞纳（Emmanuel Mesthene）指出：“技术为人类的选择与行动创造了新的可能性，但也使得对这些可能性的处置处于一种不确定的状态。技术产生什么影响、服务于什么目的，这些都不是技术本身所固有的，而取决于人用技术来做什么。”[④]与此类似，德国学者汉斯·萨克塞认为，“由于技术只是方法、只是工具，技术行为目的的问题总是存在于技术

① 张成岗. 西方技术观的历史嬗变与当代启示. 南京大学学报（哲学·人文科学·社会科学版），2013，50（4）：60-67.

② Christians C G. The philosophy of technology: Globalization and ethical universals. Journalism Studies, 2011, 12（6）：727-737.

③ Jaspers K. Origin and Goal of History. New Haven: Yale University Press, 1953: 115.

④ 高亮华. 技术的伦理与政治意含. 自然辩证法通讯，1994（4）：10-16.

之外”[①]。一直到20世纪中叶，技术中性论一直占据主导地位，技术被视为独立于社会语境，与价值无关。只有人与价值有关，人对技术的使用决定了技术后果的善与恶。然而，随着技术自身的发展以及人与技术关系的变化，技术中性论在解释现实问题时显示出了一定的局限性，特别是关于“意向”的问题。

于是，20世纪下半叶以来，技术哲学研究出现了一种“物转向”，这就是基于“朝向事实本身”的现象学精神，开创了一个关于“物的哲学”或“物的诠释学”[②]，这种观点开始关注人与技术之间的复杂关系。技术哲学家开始注重“物”的价值，特别是物与人、物与世界的交互过程中体现出的意向特征。技术不再是价值无涉的中立性存在，而是寓于价值的中介性存在。正是基于对蕴含意向价值的机器的重新审视，才能够正确认识当代社会中人与技术之间的复杂关系。海德格尔、伊德、拉图尔、维贝克、马克·考科尔伯格（Mark Coeckelbergh）等学者先后对技术在人与人、人与世界的关系中所表现出的中介作用进行了分析，强调在社会语境和行为语境中考察技术的价值。

德国哲学家海德格尔对用具的现象学分析，为技术中介理论的发展奠定了基础。海德格尔指出，用具只有在使用中才有意义，“唯有在打交道之际用具才能依其天然所是呈现出来”[③]。使用中的用具与使用者、使用语境共同构成了用具整体。“严格地说，从没有一件用具这样的东西‘存在’。属于用具的存在一直总是一个用具整体。只有在这个用具整体中那件用具才能够是它所是的东西。”[④]海德格尔以“在手”和“上手”的两种状态突出了用具在使用中的中介作用，并指出脱离了使用关系的用具是没有存在意义的。在他看来，用具只有作为

---

① 萨克塞. 生态哲学. 文韬等译. 北京：东方出版社，1991：162.

② Verbeek P P. What Things Do: Philosophical Reflections on Technology, Agency, and Design. State College: The Pennsylvania State University Press, 2005.

③ 马丁·海德格尔. 存在与时间. 陈嘉映，王庆节译. 北京：生活·读书·新知三联书店，2012：81.

④ 马丁·海德格尔. 存在与时间. 陈嘉映，王庆节译. 北京：生活·读书·新知三联书店，2012：80.

中介参与到人与世界的联结中，并且发挥其组建功用时，它才处于“上手”状态。人们“浑浑噩噩”地使用用具时，对用具自身的认识是隐晦的。当用具出现故障、毁坏或者不合之用时，其“在手”状态就会凸显，使用者才会“注意到”它[①]。海德格尔对用具的分析揭示了用具“为了作……之用”的本质，突出了技术人工物在与人的交互关系中的作用，由此成为技术中介理论的起点。

美国技术哲学家唐·伊德发展了海德格尔的技术中介思想，指出“技术实际上处在看的人和被看的东西之间，处在中介的位置上”[②]。技术作为中介被融入“我”的经验之中，“我”是借助这些技术来感知世界的，并由此转化了“我”的知觉和身体的感觉。在伊德看来，技术的中介作用主要体现为知觉的转化，即“放大/缩小”（magnification/reduction）结构。通过对技术的使用，人们会在某一方面放大自己的感知，但同时也会相应忽略其他方面的感知，即放大的同时又缩小。以透镜技术为例，我们透过透镜来观察事物，可以获得更高的放大率，但同时焦点平面就相对窄了，深度感觉就随之消失了[③]。技术的“放大/缩小”作用表达了技术的非中立性，技术在调节人与世界的过程中展现了自身的“意向性”，即技术意向性。

不同于伊德关注技术的知觉中介作用，法国学者布鲁诺·拉图尔强调技术的行为中介作用。拉图尔以“脚本”（script）形容技术人工物的社会角色，如同一出戏剧或一场电影，技术人工物拥有一种“脚本”，该脚本对所有涉及的行动者的行为都做了规定。例如，缓冲路障的“脚本”是“当你接近我的时候请减速”[④]。作为“脚本”的技术人工物不仅承担着调节使用者与事件的中介作用，而且作为“暗物质”（missing masses）与人类共同构成了社会组织。拉图尔认为，人和人工物都可以是行动的承担者，它们都是“行动者”

① 张彬，王大洲. 人工制品现象学：一个新的分析框架. 哲学研究，2015（6）：113-119.

② 唐·伊德. 技术与生活世界：从伊甸园到尘世. 韩连庆译. 北京：北京大学出版社，2012：78.

③ 唐·伊德. 技术与生活世界：从伊甸园到尘世. 韩连庆译. 北京：北京大学出版社，2012：53.

④ 朱勤. 技术中介理论：一种现象学的技术伦理学思路. 科学技术哲学研究，2010，27（1）：101-106.

（agents 或 actants）[①]，它们处于共同的网络之中，即行动者网络。如果说伊德对人机关系的分析强调技术的知觉意向作用，那么拉图尔则强调技术的行为意向作用。

荷兰学者维贝克在解释学视角（伊德的技术中介理论）和存在主义视角（拉图尔的技术中介理论）的基础上，将技术的中介作用从使用视角切入设计视角，提出了一种后现象学的技术“调节理论”（mediation theory）[②]。维贝克认为，设计活动本质上是一种伦理活动，设计师在其中具有一种“原发性的”（seminal）作用[③]。在设计环节，将一定的伦理规范“写入”人工物的设计之中，使技术人工物在被使用的过程中，通过引导和调节人的行为来实现一定的道德目的，这是“道德物化”思想的集中体现。

比利时学者马克·考科尔伯格同样从人与技术人工物（主要指机器人）的关系入手，以一种后现象学的方法分析了作为中介环节的技术人工物自身的道德问题[④]。维贝克提出了技术人工物的道德属性，承认其在技术实践活动中的道德调节作用，而考科尔伯格则认为以机器人为代表的智能人工物不仅调节了使用者与设计者对该技术人工物的认知和行为，同时也促使了人机关系从“实体论”转向“关系论”[⑤]。考科尔伯格认为，由于智能人工物的特殊性，它们不仅负载伦理价值，而且在某种意义上作为道德行为主体调节甚至重塑了人与技术的关系。

技术中介理论的兴起是技术伦理由外在主义研究路径到内在主义研究路径转变的一个重要标志。在技术伦理的经典理论中，技术与伦

① Latour B. Where Are the Missing Masses? The Sociology of a Few Mundane Artifacts. Cambridge: The MIT Press, 1992: 225-258.

② Verbeek P P. What Things Do: Philosophical Reflections on Technology, Agency, and Design. State College: The Pennsylvania State University Press, 2005.

③ Verbeek P P. Moralizing Technology: Understanding and Designing the Morality of Things. Chicago: The University of Chicago Press, 2011: 90.

④ Coeckelbergh M. Virtual moral agency, virtual moral responsibility: On the moral significance of the appearance, perception, and performance of artificial agents. AI and Society, 2009, 24(2): 181-189.

⑤ Coeckelbergh M. Humans, animals, and robots: A phenomenological approach to human-robot relations. International Journal of Social Robotics, 2011, 3(2): 197-204.

理的关系呈现出一种外在主义的倾向，即伦理外在于技术而存在。一项技术的道德属性取决于使用者的使用方式，技术本身被视为价值中立的。这就导致了技术伦理的反思只能是一种边缘性力量，而不能真正起到降低技术风险、改良社会技术结构的作用。随着技术自身的发展，技术伦理展现出由“外在进路”（externalist approach）向“内在进路”（internal approach）的转变，即“应当超越工程伦理学中流行的外在主义观察，从而致力于技术发展的一种更加内在主义的经验性观察，考虑设计过程本身的动态性并探讨该语境下产生的伦理问题”①。技术不再是独立于人类之外的中立性存在，而是具有自身的价值和意义，并且内置于“人-技术-世界”关系之中的中介性存在，其自身所蕴含的价值和意义影响着人类的生活实践。

技术中介理论的提出对于理解“意向”概念有着非常重要的意义，该理论及其他相关研究注重在人与技术的关系中考察技术负载的意向与价值，以及技术意向与价值体现的人类意向与价值，为理解机体哲学视野中的“意向”及意向转移提供了研究基础和理论根据。

三、责任伦理学

“责任”概念一直是伦理学讨论的重点，以杰里米·边沁（Jeremy Bentham）为代表的功利主义伦理学和以康德为代表的义务论伦理学分别强调了“对行为的结果负责”和“对行为的动机负责”。在传统伦理学中，无论是对动机负责还是对结果负责，承担责任的主体始终是有道德意识的人类。按照传统伦理学的思路分析技术的问题，主要讨论的是作为技术行为主体的人类应该如何为其技术行为的实际后果和可能后果负责，从而产生了以德国技术哲学家汉斯·约纳斯为代表的责任伦理学思想。

责任伦理学思想的主要代表人物是汉斯·约纳斯，但在此之前，马克斯·韦伯已经率先将责任与技术关联，从伦理学的角度强调人类

① Van de Poel I, Verbeek P P. Editorial: Ethics and engineering design. Science, Technology and Human Values, 2006, 31(3): 223-236.

应该对技术行为带来的后果负责。约纳斯在此基础上提出了完整的“责任原则”（或称“责任律令”，imperative of responsibility），要求人类对技术行为可能引发的后果负责。他以康德的道德律令式的口吻提出，“如此行动，以便使你行动的后果足以使地球上的人真正能持续生活、和平相处”，“不要殃及地球上人类无限持续生存的条件”[①]。约纳斯从时代背景出发，认为传统伦理学只考虑人与人之间的关系，而现代技术对伦理学的要求已超出了人与人之间的关系，因而出现了“伦理真空”。面对这一情况，约纳斯率先提出“人要对遥远的未来负责”这一新的伦理观念。甘绍平总结了约纳斯这种“新伦理”的两个特点[②]：一个是“远距离伦理”。约纳斯认为责任伦理从时间上看不仅存在于同时代的人与人之间，也存在于现代人与未来人之间；从空间上看不仅涉及人与人的关系，也包含人与自然、人与整个生物圈的关系。另一个是“整体性伦理”。西方传统伦理学所涉及的伦理都是与个人行为相关的，而约纳斯则认为，当前技术所带来的未知后果不是个人行为所能控制的，因而需要一种整体性的伦理机制。这种“远距离伦理”和“整体性伦理”如何实现？约纳斯认为应该发挥“恐惧启迪法”的作用。技术的过度发展使约纳斯看到了深深的隐患：“内在于技术文明结构之中的无意识现代组织的威胁，迄今为止技术以几何级数的累加任意地漂流着：这就是产生伴随耗竭、污染、星球荒凉等‘发展太多’的启示。”[③]盲目的技术进步论不仅使大自然面临着前所未有的威胁，而且使人类自身也陷入一种新的“人-技”关系之中。技术已经不再是传统意义上人类所能控制和操作的工具和手段，相反，它内化于人，成为“人的欲望和力量的载体，是人的意志的体现，是人的权力的象征”[④]。在约纳斯看来，因为科学家不能准确地预测技术对

---

① Jonas H. The Imperative of Responsibility: In Search of an Ethics for the Technological Age. Chicago: University of Chicago Press, 1984: 12.

② 甘绍平. 忧那思等人的新伦理究竟新在哪里？ 哲学研究，2000（12）：52-59.

③ Jonas H. The Imperative of Responsibility: In Search of an Ethics for the Technological Age. Chicago: University of Chicago Press, 1984: 202.

④ Jonas H. The Imperative of Responsibility: In Search of an Ethics for the Technological Age. Chicago: University of Chicago Press, 1984: 43-44.

自然与人类造成的长远影响，所以要发挥“恐惧启迪法”的作用，要尽可能地想象技术对未来生活造成危害的各种可能性，并且基于对种种可能无法弥补的伤害的考虑，倡导一种“实践的规范”，要节制、适度、审慎地发展科学技术。

实际上，约纳斯的责任伦理思想源自其关于生命有机体的机体哲学。有机体的内在目的性延展了责任伦理的范围，一切有机体都具有自我保存、自我发展的内在目的，这种目的通过连续不断的新陈代谢作用使自然保持应有的活力。自然界中一切有机物的“求生”本能使得自然具有了不可转让的生存权。这一基本权利不应被人类的技术力量所侵犯，因而人类不仅不应该人为地破坏自然界，还应该负责任地保护自然的生存权。另外，自然的目的不仅包含个体生物对生命的自我肯定，还包括进化中的全体生物所具有的上升趋势。这样就延展了责任伦理的范畴。由于自然本身具有目的性，人类的责任对象不仅包括人类自身，同时还包括自然界的一切有机体。事物自我上升、自我发展的趋势也要求当代人不仅要对同时代的人类负责，更应关怀未来的人类，发展中的未来人自身也同样需要被保护[①]。不仅如此，有机体的“善”本质在本体论上证明了责任伦理的必然性。有机体的客观价值——“善”——作为其本质决定了我们的道德生活，本体论上的“应该是”（ought-to-be）推导出道德层面的“应该感觉”“应该思考”“应该去做”，这成为责任伦理的形而上学根源。约纳斯认为“善”本质存在于一切生命之中，这种平等的价值与尊严使得人类不再是传统伦理学的中心，而自然本身成为责任的基础。约纳斯一直试图消解人类中心主义与非人类中心主义之间的鸿沟，但他并不贬低人的地位，而是通过努力抬高包括动植物在内的其他有机物的地位来实现。虽然如此，但约纳斯还是区别了不同等级与功能的有机体，认为越复杂的行动、越有能力的“努力”，其道德水平就越高。作为有机体等级最高的人类，其内在的道德责任使其成为人本身。人类作为最高等级的有机体具有最高等级的道德，这种道德要求人类主动承担保

① 方秋明. 为什么要对大自然和遥远的后代负责——汉斯·约纳斯的目的论解释. 科学技术与辩证法，2007，24（6）：14-18.

护有价值的但却易受伤的他物进行保护的责任。这就如同父母与孩子的家庭关系，新生的婴儿有被保护的需要，对这种内在需要的回应就体现为责任。

约纳斯的责任伦理学实际上是提倡具有道德意识的人类应该妥善地利用技术，以避免技术可能带来的后果，因为“现代人巨大的技术行为能力赋予了人以道德的教养义务”，“我们在技术上做能够做到的和由此所危害的一切，我们必须在道德上加以预防”[①]。这里关注的是作为道德主体的人类该如何约束自身的技术行为，使技术的发展趋向于“善”。责任伦理学的思想将人类对技术发展后果的责任纳入伦理考量，引导了讨论技术责任的伦理学思路。只有首先承认人类对技术行为和技术后果负有责任，才能继而讨论人类对这些技术负有哪些责任以及如何负责任。从责任伦理学的思想出发，作为技术行为承载者的大自然与其他生命有机体因为具有内在目的性而应当被人类保护，这间接地指出了人与技术之间的不可分割的内在联系。人类利用技术认识世界和改造世界，因此应当对技术行为所引发的后果负责。责任伦理学对“责任”概念的讨论为机体哲学视野中的“责任”及其责任转移奠定了理论基础。

四、几点说明

基于以上三种主要的技术哲学理论，本书对“功能”“意向”“责任”这三个概念进行了深入分析，在保留其内涵的基础上，将其置于机体哲学的解释框架中。为了更加清晰地在机体哲学的研究框架中阐明“功能”“意向”“责任”的内涵及其因果关系，我们首先需要阐明这些概念在机体哲学视野中的特定意义及其内在联系，现对这些概念及其联系方式做出如下说明。

（1）在机体哲学研究框架中，“功能”“意向”“责任”分别表现为“功能中的机体特性”“意向中的机体特性”“责任中的机体特性”，机体哲学的研究框架要求进一步分析“功能中的机体特性”“意向中的机

① 英格博格·布罗伊尔，彼德·洛伊施，迪特尔·默施. 德国哲学家圆桌. 张荣译. 北京：华夏出版社，2003：135.

体特性”“责任中的机体特性”的表现形态，并重点分析这些机体特性是如何展现于作为“人工机体”的机器之中的。

（2）以机体哲学视角分析人机关系，需要讨论“人”如何将“机体”中“生机”的本质特征通过“功能”“意向”“责任”三个方面赋予作为“人工机体”的机器，使得机器在运行和发展的过程中表现出“功能中的机体特性”“意向中的机体特性”“责任中的机体特性”。

（3）按照机体哲学的研究思路，“人”是“生命机体”“精神机体”“社会机体”的耦合，“人”通过技术实践活动将以上三种类型“机体”的功能特征、意向特征和责任特征分别转移到“机器”之中。反过来，作为“人工机体”的“机器”通过技术实践活动将自身的机体特性渗透甚至嵌入“人”的机体特性中，出现了相互渗透、相互嵌入的特征。

（4）人与机器之间的作用方式是通过技术实践完成的，技术实践广义上包含了技术设计、技术制造、技术生产、技术使用、技术反馈、技术评估等不同的环节。尽管本书讨论的人机关系涉及上述不同环节，但是为了深入研究的需要，本书基于关于技术的“行动理论”（an action-theoretical account），直接提取出涉及技术行动的“技术设计”和“技术使用”这两个关键环节，以霍克斯和弗玛斯提出的“使用-计划”模式为蓝本，建构以技术设计和技术使用为主要环节的人机关系理论。从“使用-计划”的概念出发，本书分析“人”如何将自身的机体特性归属于“使用-计划”，使其在技术使用和技术设计两个环节中分别将“功能中的机体特性”“意向中的机体特性”“责任中的机体特性”转移到“机器”之中。

（5）最后需要指出，人类通过技术实践将“机体”中“生机”的特征通过功能转移、意向转移和责任转移赋予机器，使机器表现出“人工机体”的种种特征，但并不意味着机器与人一样，具有人的高级功能、思维意向或者责任能力，而是指作为“人工机体”的机器在实际运行和发展中体现出了相似的机体特征。挖掘机器中明显的和潜在的机体特征，有助于发现机器设计与使用过程中存在的问题，及时避免可能出现的危害，促进人机关系的良性发展。

第四章　机体哲学视野中的人机关系结构分析

在机体哲学视角中，人是“生命机体”“社会机体”“精神机体”耦合的存在物，而机器则是一种特殊类型的“机体”，即“人工机体”，因而人机关系表现为四种类型的“机体”之间的相互作用和相互影响。当代社会中，人与机器的关系更加复杂和矛盾，因为不同类型的“机体”之间的相互作用更加紧密与频繁，其作用结果更加复杂和突出。当代社会中的人机关系依次表现出四种类型“机体”之间的“相互依赖”“相互渗透”“相互嵌入”的递进式发展模式，这是因为人类不断将“生命机体”“社会机体”“精神机体”中的机体特性赋予作为“人工机体”的机器，从而使机器在不同程度上体现出了机体特性。以“生机”为核心的机体特性作为连接人机关系的纽带，在“相互依赖”“相互渗透”“相互嵌入”的不同阶段有着不同的表现。并且，随着机器中机体特性的变化，人与机器的关系也在不同程度上受到了影响，这不仅使得人类在思想层面、认识层面和实践层面都展示出了新的时代特征，而且带来了机器在使用过程中的不同方面的“异化”问题。从机体哲学视角分析当代人机关系出现的新变化、新特征，有助于促进人与机器的共同进步和发展。

第一节　人机关系的递进结构模型

中国文化背景下的机体哲学中，“人”与“机器”有着某种共同的本质，那就是都作为“机体”而存在。“机体”的本质特征在于具有“生机”，即“能够以较小的投入取得显著收益的生长壮大态势”。

“人”与“机器”都表现出了“生机”的特点，因而在机体特征上具有“同构性”，这种“同构性”是人类将自身机体特性赋予机器的结果。在宏观意义上，人机关系历经了两次“机器革命”的洗礼[①]。如果说，以蒸汽机技术为标志的第一次工业革命和以电力技术为标志的第二次工业革命开启了突破人类和动物体能极限的“第一次机器革命”，实现了生产力的极大飞跃，那么发端于20世纪中期的以数字技术和普适计算为代表的新一轮科技进步和产业变革则意味着“第二次机器革命”时代的到来。从“第一次机器革命”到“第二次机器革命”，实现了由“金属力量”向“智慧力量”的转变，人机关系发生了质的飞跃，人与机器出现了紧密结合的趋势。当代人与机器的紧密结合，具体表现为“相互依赖”“相互渗透”“相互嵌入”这三种递进式关系，我们可以通过三种结构模型加以说明。

一、以“相互依赖”为特征的模型

“生命机体”“社会机体”“精神机体”耦合的“人”和作为“人工机体”的“机器”之间的第一种关系，是“相互依赖”关系，这是人将自身机体特性赋予机器的第一阶段特征。这里的“依赖”强调的是人在生理上与心理上依赖机器的使用功能与使用价值，反之机器也“依赖”于人的操作和使用。因为在这一阶段中，人将“生命机体”和“社会机体”中的部分功能赋予机器，机器表现出较强的使用价值。而在这一阶段中，作为“人工机体”的机器中的机体特征相对隐蔽，依赖于人的能动作用进行发掘和解读，其形态上可能不像“机体”，但其内部结构和功能表现出机体特征。这一阶段机器区别于人的自身特征比较明显，人与机器之间的边界比较清晰。

这里需要首先说明的是，人对不同时期的技术人工物都有一定程度上的依赖，这是由人与技术人工物的本质所决定的。而不同时期的人对同一时期的技术人工物的依赖程度也有所不同。比如，古代的人们依赖于简单工具从事捕鱼、狩猎、种植等活动，工业革命时期的人

---

① 埃里克·布莱恩约弗森，安德鲁·麦卡菲. 第二次机器革命：数字化技术将如何改变我们的经济与社会. 蒋永军译. 北京：中信出版社，2014：9.

们依赖于不同类型的机器从事纺织、冶炼等生产活动。在当代社会，人们更多地依赖于电子设备和智能机器以满足不同类型的需求。总体看来，在某一段时间内，人们会对当时得到广泛应用的技术表现出强烈的依赖感，这类技术就是所谓的“通用技术”（general-purpose technologies，GPTs）。经济学家蒂莫西·布雷斯纳汉（Timothy Bresnahan）和曼纽尔·特拉伊滕贝格（Manuel Trajtenberg）指出，在某一时期内某种“一般的”或者“普遍的”技术以其普遍程度（pervasiveness）和内在的技术活力（technological dynamism）成为经济社会的主推力[①]。“通用技术”反映出当时技术发展的整体水平和人们对技术的基本需求，也反映出在不同时期人与机器的不同关系。体现“通用技术”作用的机器在第一次工业革命和第二次工业革命中分别表现为蒸汽机、电动机和内燃机，而在当代社会中表现为计算机。因此，当代人机关系中的机器主要指的是以“信息及通信技术”（information and communications technology，ICT）为支撑的计算机和以计算设备为依托的智能机器设备。而当代人机之间的“相互依赖”关系指的就是当代社会中的人对以 ICT 为支撑的智能机器的依赖，以及这类智能机器对人的不同方面特征的依赖。

人对作为“人工机体”的智能机器的依赖，既体现为对“生命机体”、“社会机体”的依赖，又体现为对“精神机体”的依赖。“生命机体”对作为“人工机体”的机器的依赖体现为人们越来越多地依赖智能机器以满足各类衣、食、住、行的生理需求和生活愿望。比如，越来越多的人依赖智能手机满足网上购物、订餐、订票、移动支付、查询信息等需求。而且，随着智能机器自身功能的多样化和便捷化，人们对智能机器的依赖程度不断增加。“社会机体”对作为“人工机体”的机器的依赖体现为各类社会组织、机构（如学校、公司、社团等）不断依赖智能机器达到办公、学习、娱乐等多种目的，如网络授课、远程通话、家庭办公等，智能设备的应用程度也成为考察不同类型社会组织发达程度的指标之一。然而，当代社会中人们对作为“人工机

① Bresnahan T F, Trajtenberg M. General purpose technologies: “Engines of growth”?. Journal of Econometrics, 1995, 65(1): 83-108.

体”的机器的依赖不仅体现在“生命机体”和“社会机体”方面，更为突出的是“精神机体”对作为“人工机体”的机器的依赖。很多人使用智能机器不仅仅是为了使用它们的基本功能，而且更多地关注于其额外的附加功能。例如，很多人使用手机并非仅为了打电话、发短信，而是高度依赖于手机的其他娱乐功能，如刷微博、看电子书、打游戏、听音乐等。这种对手机的强烈依赖在青年人群体中尤为突出，他们过分依赖手机，时刻把玩着手机，等人、候车甚至聚会时都“机不离手”，而且一旦找不到手机就变得魂不守舍、坐立不宁，这就是所谓的“无手机焦虑症”（nomophobia，即 no-mobile-phone phobia）[①]。人们对智能机器的高度依赖不仅带来了“手机依赖症”等社会心理现象，也引起了对“人的技术化生存”这一哲学问题的反思。

人机之间的“相互依赖”特征不仅表现为“生命机体”“社会机体”“精神机体”对作为“人工机体”的机器的依赖，也表现为作为“人工机体”的机器对其他类型“机体”的依赖。当代社会中智能机器的设计是以适合人的生理和心理特点为根本目的的，这体现了机器对“生命机体”和“精神机体”的依赖。智能机器的设计和使用不仅需要适合人体的生理特征，比如人的身高、臂长以及适宜的屏幕亮度、声音等，而且需要考虑人的心理特征，比如适当的人际距离、个人空间等，这也是人体工程学（human engineering）的研究范围。而且，机器的设计与发明还依赖于“精神机体”之中的创新观念的提出和创造性思维的运用，这不仅带来了新颖的机器产品，而且促成了相关的创意产业。作为“人工机体”的机器对“社会机体”的依赖，既体现在机器的生产和使用依赖于不同类型的社会组织的支持上，也体现在机器的设计和推广需要满足社会的需求上。一旦机器的使用功能不能满足当前社会的发展需求，就需要更新换代。使机器的结构与功能适应人的生理特征、心理特征和社会特征，有助于促进人机关系的和谐发展。如果机器的设计和使用不考虑人的生理和心理特点，就会造成机器在使用过程中的异化问题，导致人机关系紧张。

---

① Yildirim C, Correia A P. Exploring the dimensions of nomophobia: Development and validation of a self-reported questionnaire. Computers in Human Behavior, 2015, 49: 130-137.

人机之间相互依赖关系的成因在于人类不断地将“生命机体”“社会机体”“精神机体”之中的机体特性赋予作为“人工机体”的机器。这使得机器逐渐发展为多功能、自动运行、需要少量操作的智能机器。人类越来越依赖智能机器的多样化功能，机器的设计和更新也愈加适应人的生理和心理特点。从机体哲学的视角看，在以“相互依赖”为特征的人机关系结构模型中，机器中的机体特性相对隐蔽，需要人类不断地发掘和解读。对于普通的机器而言，其外在形态并不像“机体”，只有当它运行起来时，内部零件之间相互影响、相互制约的机体特性才能被发现。在科学技术与社会的研究中，以兰登·温纳（Langdon Winner）为代表的技术哲学家解读了机器如何体现了“社会机体”之中的机体特性。温纳具体分析了机器设计和使用之中蕴含的政治特征，比如加利福尼亚大学研究人员在 20 世纪 40 年代末研制的“番茄收割机”能够成排地收割番茄，代替了传统的农场工人的采摘方式。番茄收割机的使用使得番茄采摘的成本降低了 5～7 美元/吨，但是由于这种收割机体型庞大并且售价高昂，因此只适合大的种植业主。番茄收割机的应用不仅带来了经济收益的增长，也引发了相关的社会问题。收割机的使用使得番茄产业中减少了大约 32 000 个工作机会，而且使得很多农村的农业社区成为牺牲品。温纳在对番茄收割机的分析中指出，尽管“没有人会认为番茄收割机的发展是某些人密谋的结果”，但是从其社会影响看，可以被认为是“使得少数私家获利而损害农场工人、小农场、消费者以及广大加州农村的研究项目”[1]，这种说法蕴含着以发生着的社会过程来解读机器之中的社会特性的思想。

总的来说，在以“相互依赖”为特征的人机关系结构模型中，作为“人工机体”的机器之中的机体特性表现得相对不明显，人们可以相对容易地区分什么是机器，人与机器之间的边界比较清晰。人与机器作为两个相对独立的部分相互作用、相互影响（图 4-1）。尽管人们在生活的各个方面都依赖于当代智能机器提供的便捷性和高效性，但

---

① 温纳. 人造物有政治吗？//吴国盛. 技术哲学经典读本. 上海：上海交通大学出版社，2008：190.

是机器的可控性较强，人与机器还是可以在某种程度上被分离。随着人机关系由“相互依赖”发展到“相互渗透”和“相互嵌入”的阶段，机器之中的机体特性逐渐增强，机器与人的交织更加复杂，人对机器运行和发展的控制难度也随之增大。

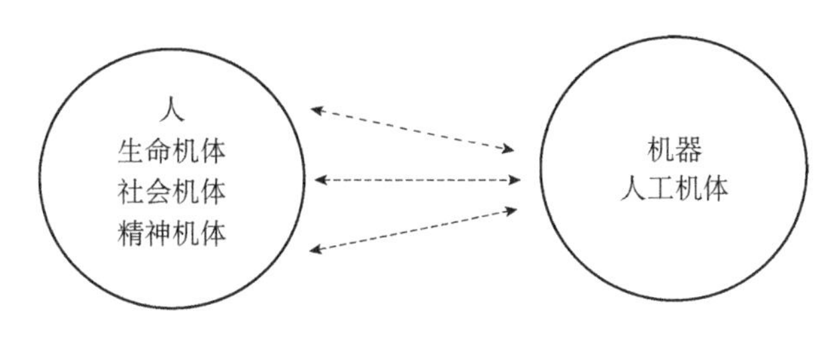

图 4-1　以“相互依赖”为特征的模型

二、以“相互渗透”为特征的模型

“生命机体”“社会机体”“精神机体”耦合的“人”与作为“人工机体”的“机器”之间的第二种关系模型，是以“相互渗透”为特征的模型，这是人将自身机体特性赋予机器的第二阶段特征。所谓“相互渗透”，指的是人类将“生命机体”“社会机体”“精神机体”之中的部分结构与功能渗透到作为“人工机体”的机器之中，使得机器在运行过程中表现出与人的部分功能与结构相似的特征。反之，机器的部分特征也渗透到人类社会生活的不同方面。因此，“相互渗透”关系强调的是各种类型“机体”之间部分的功能与结构要素的相互渗透。这既不同于“相互依赖”关系，因为在“相互依赖”关系中，人与机器作为独立的两个部分相互影响，还没有产生相互介入的复杂关系；也不同于下一阶段的“相互嵌入”关系，因为在“相互嵌入”关系中，人或者机器作为实体进入对方的整体之内，成为其组成部分，而在“相互渗透”关系中，人或者机器的部分功能与结构只是介入对方的存在和活动方式之中。与“相互依赖”关系相比，在“相互渗透”关系中，机器中的机体特性相对更明显，机体特性渗透到机器的设计、使用等多个环节。在这一阶段中，机器区别于人的自身特征没有上一阶段明显，人与机器之间的部分边界开始模糊，或者说人机之间出现了模糊地带。

人机之间的相互渗透在不同的历史时期有不同的表现。在近代工业革命时期，人机之间的相互渗透多体现为将人的生理特征或生产特征赋予机器，使机器表现出“生命机体”之中的机体特性，这可以理解为一种生产性渗透。在当代社会中，机器多指以 ICT 为支撑的智能机器，而人机之间的相互渗透则体现为人与智能机器之间在结构和功能上的相互介入、相互作用。人同时将“生命机体”“社会机体”“精神机体”之中的机体特性赋予机器，使作为“人工机体”的机器能够模拟人的部分生理功能、思维功能、社会功能与文化功能。这种渗透关系不仅体现在生产领域，而且体现在生活领域，因此可以将当代社会中的人机互渗理解为生产性与生活性共同作用的渗透关系。

具体看来，“生命机体”对作为“人工机体”的机器的渗透表现为将人的部分生理结构和功能赋予不同类型的机器，使这些机器可以分别完成不同类型的工作。比如，具有抓举、抬高等功能的机械手可以通过人类的操作完成固定动作，这类机械手就是人类将手的部分结构与功能赋予机器的结果。“生命机体”对作为“人工机体”的机器的渗透多体现在生产性操作方面，使其代替原先工人的操作，并逐渐形成自动化的生产线，这在机械加工行业中体现得尤为明显。而“社会机体”对作为“人工机体”的机器的渗透，则多体现在生活领域，人类将“社会机体”的部分结构与功能赋予机器，使机器可以代替人实现部分的社会功能。比如，在医疗领域，护理机器人（care robots）成为照顾老年人生活、缓解老年人压力的重要手段。美国的卡耐基·梅隆大学和匹兹堡大学联合开发了名为 Pearl 的“机器人护士”。该机器人高 122 厘米、重 34 千克，由轮子驱动前行，它可以提醒患者按时吃药，并且在患者处于紧急情况时呼叫医护人员[①]。再如，在社会服务领域，机器人可以实现安保功能和向导功能。日本 Sohgo 安全服务公司（Alsok）研发了一款名为 Robot-Cop 的机器人，可以按照程序自动

① 约瑟夫·巴-科恩，大卫·汉森. 机器人革命：即将到来的机器人时代. 潘俊译. 北京：机械工业出版社，2015：74.

进行预订线路的巡逻。该机器人的头部和肩部共装有 4 台摄像机和多处传感器，用来探测人、水和火的存在。而且，该机器人身上搭载有非接触式读卡器，可以在公司门口检查员工的身份证件。日本富士康公司开发的 Enon 机器人，内置有一个智能移动式地图，可以显示出附近的自动取款机、公共电话、洗手间等位置，为游客提供向导服务[①]。

不仅如此，在当代社会中，“精神机体”对作为“人工机体”的机器的渗透也比较明显。人类将“精神机体”之中的部分结构与功能赋予机器，使其表现出类似于人类思维活动的机体特征。比如，个别智能机器目前已经具有“模式识别”和“复杂沟通”的功能，而这类功能正是“精神机体”所具有的功能之一。经济学家弗兰克·列维（Frank Levy）和理查德·莫尼恩（Richard Murnane）曾经区分了人类和数字劳动力（即计算机）之间的劳动分工。他们认为，尽管计算机的信息处理能力非常突出，然而它必须借助人类的模式识别能力得以运行。但是，当前技术的发展使得模式识别能力不再是人类独有的。通过感知外界环境而获取信息，再对信息进行检索用以识别，最后对识别的信息进行判断，这一过程目前已经可以由计算系统来完成。比如谷歌（Google）公司研发的无人驾驶汽车，这种设备利用传感技术实时反馈路况信息，并且由程序自身完成驾驶判断。截至 2015 年，谷歌“私人司机”的研究项目已经完成了数十万英里[②]无人驾驶的行驶纪录，其间只发生过两次交通事故，事故发生率远低于人类驾驶引发的交通事故[③]。不仅如此，列维和莫尼恩所强调的人类“精神机体”之中的另一种独特分工——复杂沟通（complex communication）——也在逐渐被机器所代替。苹果公司研发的 Siri（语音个人助理服务）语音控制功能已经能够和使用者有效对话，使用者只要对着 iPhone 说

---

① 约瑟夫·巴-科恩，大卫·汉森. 机器人革命：即将到来的机器人时代. 潘俊译. 北京：机械工业出版社，2015：37-38.

② 1 英里≈1.61 千米。

③ 埃里克·布莱恩约弗森，安德鲁·麦卡菲. 第二次机器革命：数字化技术将如何改变我们的经济与社会. 蒋永军译. 北京：中信出版社，2014：23.

话，Siri 听到后就会辨别出使用者想要做什么，然后采取行动，并以一种模拟的声音把结果反馈给使用者。国际商业机器公司（IBM）研发的机器人“沃森”也同人类参赛者一起参加了知识竞答类游戏——“危险边缘”，并且脱颖而出[①]。这些先进的智能机器都表现出“精神机体”对机器的渗透作用，使作为“人工机体”的机器具有与“精神机体”相似的部分结构与功能。

很多时候，“生命机体”“社会机体”“精神机体”的特征是同时渗透到作为“人工机体”的机器之中的，比如人形机器人（humanoid robot）的例子。人形机器人在外形方面与真正的人类非常相似，几乎看不出差别，而且在功能方面也全面而整体地模仿人类的语言、动作等。例如，日本科学家石黑浩（Hiroshi Ishiguro）以其本人为原型制作了名为 Geminoid 的人形机器人；中国科学技术大学研发了我国首个人形机器人“佳佳”，“佳佳”按照真人比例 1∶1 制作，除了拥有精致的五官和良好的功能性之外，我国科学家还首次提出赋予“佳佳”善良、勤恳、智慧的机器人品格，并且这些品格要与其外形和功能保持一致。由于人类将生理特点、心理特点和社会特点同时赋予人形机器人，使其在外表和行为方式上与人类非常相似，因此人与机器之间的相互渗透出现了模糊地带。如图 4-2 所示，“生命机体”“社会机体”“精神机体”共同作用的人与作为“人工机体”的机器相互渗透，并且二者的范围有所重叠，在重叠的区域出现了人机之间的模糊地带。在模糊地带中，人与机器之间的界限开始消解，很多时候难以区分人与机器。作为“人工机体”的机器被赋予了更加复杂的结构与功能，因而其中的机体特性也更加明显。在某些情况下，人能够直接识别出机器之中的机体特性。就像人形机器人，不仅看起来像“人”，它的结构与功能也是仿照人的不同部分的结构与功能而设计的，人类在使用这类机器人时会明显感到它们与人类的相似之处。

---

① 埃里克·布莱恩约弗森，安德鲁·麦卡菲. 第二次机器革命：数字化技术将如何改变我们的经济与社会. 蒋永军译. 北京：中信出版社，2014：28-30.

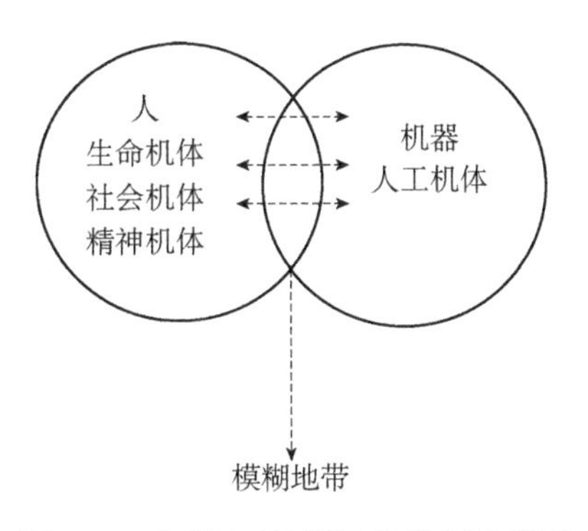

图 4-2　以“相互渗透”为特征的模型

在“相互渗透”关系中，作为“人工机体”的机器也对“生命机体”“社会机体”“精神机体”产生着渗透作用。这种渗透作用主要表现为机器模式或者机械化特征渗透到人的生理活动、思维方式以及社会组织的管理模式中，使某些个体或者社会组织在自我管理方面表现出明显的机械化特征。这种渗透作用在工业革命时期表现得比较突出，而在当代社会中，智能机器的设计和操作是以适应人的生理和心理特点为根本目的的，因而机器模式或机械化特征对“生命机体”的渗透作用相对不明显，但仍然存在着机器模式对不同类型“社会机体”的渗透。比如，某些企业按照机器模式来管理生产线上的工人，或者将公司业务程序、行政管理、雇佣办法、工资等级等完全按照统一的标准进行管理，呈现出明显的机械化特征。还有一些学校或者培训机构以完全统一的标准和流程来培养学生，这种工厂式的教育方式也是将“社会机体”用机器模式加以运作的典型代表。而机器模式对“精神机体”的渗透主要体现为以僵化的、机械的、片面的思维看待问题，不能正确认识事物之间的普遍联系。阿尔文·托夫勒（Alvin Toffler）的《第三次浪潮》（*The Third Wave*）和约翰·奈斯比特的《亚洲大趋势》（*Megatrends Asia*）等著作中概括了机器模式的六个特点，即标准化、专业化、集中化、同步化、好大狂和中央集权化[①]，这些特点不同程度地渗透到了“生命机体”“社会机体”“精神机体”之中。

---

① 王前. 中西文化比较概论. 北京：中国人民大学出版社，2005：187.

以“相互渗透”为特征的人机关系模型，建立在以“相互依赖”为特征的人机关系模型的基础之上，是人将“生命机体”“社会机体”“精神机体”之中的机体特性更多地赋予作为“人工机体”的机器的结果。在“相互渗透”这一阶段中，人与机器仍然是相对独立的个体，只是彼此的介入方式和介入程度与“相互依赖”关系不同，二者之间的交互方式更加复杂，并且随着交互方式的复杂化出现了如图 4-2 所示的模糊地带。在模糊地带，机器的可控性减弱，人对机器的控制变得不确定了，甚至有可能在某些情况下无法控制处于模糊地带的机器。“相互渗透”关系作为当代人机关系的第二阶段特征，强调的是不同类型“机体”的部分结构与功能之间的相互渗透，这有别于接下来的“相互嵌入”阶段，人或者机器作为实体嵌入对方之中，与之形成一种半人半机器的新的存在方式。

三、以“相互嵌入”为特征的模型

“生命机体”“社会机体”“精神机体”耦合的“人”与作为“人工机体”的“机器”之间的第三种关系模型是“相互嵌入”，这是人将自身机体特性赋予机器的第三阶段特征。“嵌入”指的是不同类型的“机体”作为一个实体嵌入其他类型的“机体”之中，由此形成了一种新的存在方式。人机之间的“相互嵌入”则指人或者机器作为一个实体嵌入对方的整体之内，成为其组成部分，由此形成了半人半机的“赛博格”(或称“电子人”)。在“相互渗透”关系中，人与机器仍然是相对独立的两个部分，只是在复杂情况中产生了人机之间的模糊地带，而在“相互嵌入”关系中，人与机器已经不再是相对独立的个体，而是彼此融合，共同进化为一种“一半是人、一半是机器”的新的存在方式。

不同类型“机体”之间的“相互嵌入”既可以是“生命机体”与作为“人工机体”的机器之间的相互嵌入，如将机械部件或者智能装备植入“生命机体”之内，使之成为其身体的一部分；也可以是“精神机体”与作为“人工机体”的机器的相互嵌入，如将电子元件或者联网系统嵌入人脑之内，使之成为人的神经系统的一部分；还可以是

“社会机体”与作为“人工机体”的机器的相互嵌入，如将智能机器系统嵌入社会管理系统之中，使之成为人的社会结构的一部分。不同的嵌入方式产生了不同形式的“赛博格”，这些“赛博格”产生的原因是人类试图将“生命机体”“社会机体”“精神机体”的机体特征以整体的形式嵌入作为“人工机体”的机器之中，使其超越人类自身的体力限度和智力限度。因此，在“相互嵌入”关系中，作为“人工机体”的机器表现出了非常明显的机体特性，机器区别于其他类型“机体”的特征比较隐蔽，甚至难以区分“机体”与“机器”。

人机之间的相互嵌入在当代社会比较突出，这是因为当代智能机器的发展使得嵌入技术有了更多的可能性。尽管近代以来就出现了将某些特殊材质的机器部件（如假肢）嵌入人身体之内的技术，但是这种“嵌入”主要强调的是对“生命机体”的嵌入。而当代社会中的智能机器，不仅嵌入人的“生命机体”之中，更是嵌入人的“精神机体”和“社会机体”之中，使四种类型的“机体”相互杂糅。因此，“相互嵌入”关系是当代人机关系不同于以往的新特征，尤其是作为“人工机体”的机器与其他类型的“机体”在同一时期相互嵌入的复杂情况。从现实技术的发展看，四种类型的“机体”之间的相互嵌入已经成为现实，“赛博格”在当代社会也有不同形式的展现，并且已经成为哲学、伦理学反思的重点和难点。

当代机器对人的嵌入，首先是对“生命机体”的更为复杂的嵌入，并借由机器与人体器官的连通进而实现对“精神机体”和“社会机体”的嵌入。根据当代社会中机器的具体形态，我们可以总结出三种机器介入人的身体的方式。第一种是穿戴（worn）式介入，利用可穿戴设备实现机器对人的身体功能的延伸和扩展。例如，虚拟现实（virtual reality，VR）眼镜能为使用者创建一个虚拟场景，使其体验三维动态实景。再如，“强化服”（powered suit）或者“机器人装”（parasitic humanoid，PH）对穿戴者感觉和运动能力的强化。“机器人装”的原理是：从穿戴者的感觉、运动中，利用与穿戴者本身相同的视角进行测量，另外再配备轻量、小输出的驱动器，构成穿戴在人类身上且运作安全的仿人机器人系统，利用具身认知以达到协助人类行动的目的[1]。穿戴式介入是机器介入人的身体的初级形式，对人的生物功能的影响是相对较小的。第二种是穿透（penetrating）式介入，指的是一半位于体内、一半位于体外的持续性工作设备。比较明显的例子是智能假肢，将假肢与人的神经系统相连，人通过接收和解读激发肌肉运动的相关信号以实现抓举、行走等操作性目的。比如美国田纳西州的工人杰西·沙利文，他是世界上首位利用大脑和神经来控制假肢的人。他的断臂上的神经与胸部肌肉相连以控制假肢，并且通过特定区域肌肉上的相关神经来操控。穿透式嵌入意味着机器与人的器官和神经系统连通，进而使我们的大脑与计算系统连通。第三种介入形式是嵌入（embedded）式结合，将机器设备完全地嵌入人的身体系统之中，使机器成为人的身体的一部分。不同于穿透式介入的可视化效果，被嵌入的机器设备无法被直观地看到，这也为使用者增加了不确定性和担忧。例如，人工心脏瓣膜和人工心脏、人工膝关节和髋关节等人工器官，通过获取和解读神经系统发出的信号，再将输入信号转化成神经系统所能识别的信号，从而恢复人体失去的感官和功能。另外，除了人工器官，科学家致力于将可以识别大脑运动信号并将其转化为动作的微电子芯片植入人的体内，以实现远程控制的目的。目前，美国赛博动力学公司（Cyberkinetics）已经将这种芯片植入五位四肢瘫痪的患者的大脑里，进行远程鼠标操作的实验[2]。当前，机器对人体的嵌入正如火如荼地发展着，人机界面（human-machine interface，HMI）、脑机接口（brain-machine interface，BMI）等技术正在急速发展，这反映出作为“人工机体”的机器对“生命机体”、“社会机体”乃至“精神机体”的急速嵌入。

“生命机体”“社会机体”“精神机体”和作为“人工机体”的机器之间的相互嵌入是同时发生的，机器被嵌入人的身体之中，进而连接人的神经系统和大脑。与此同时，某些“机体”之中的机体成分也被

---

① 日本机器人学会. 科技机器人：技术变革与未来图景. 许郁文等译. 北京：人民邮电出版社，2015：7.

② 约瑟夫·巴-科恩，大卫·汉森. 机器人革命：即将到来的机器人时代. 潘俊译. 北京：机械工业出版社，2015：121.

嵌入作为“人工机体”的机器之中，使之与其他类型的“机体”共同构成某种新的存在方式。人类通过将“生命机体”之中的生物组织嵌入作为“人工机体”的机器之中，发明出一种“生命机体”与“人工机体”融合的存在物。目前有一些研究，通过抽取部分生物组织装到机器人身上，以赋予人造物一些其尚未拥有的能力。例如，日本科学家发明了一种利用信息素追踪（pheromone-tracing）的机器人。该机器人名为 PheGMot-Ⅲ，是将蚕蛾的触须嵌入该机器人之中，以作为它的信息素传感器[①]。人类还通过将“精神机体”之中的神经系统嵌入作为“人工机体”的机器之中，研究出以生物体的神经系统来操控的机器。例如，美国杜克大学神经工程研究中心进行了一项实验，利用电极在老鼠的脑部运动皮质区测量神经信息，用此信息自觉驱动机械手臂，从而用机械手臂为老鼠提供饮用水[②]。目前，这种从生物体之中提取信息嵌入机器之中的实验，多以动物为研究对象，但也从侧面反映了不同类型“机体”之间的相互嵌入关系。

在以“相互嵌入”为特征的人机关系模型中，机器的智能化程度相对较高，机器之中的机体特性也相对明显，四种类型的“机体”之间的结合方式也更加多样和频繁。如图 4-3 所示，作为“人工机体”的机器嵌入人的生理功能、社会结构和思想观念之中，与此同时“生命机体”“社会机体”“精神机体”之中的机体特性也嵌入机器系统之中，由此形成了“人嵌入机器之中”或者“机器嵌入人之中”的不同结合方式。不同于“相互依赖”关系和“相互渗透”关系，在“相互嵌入”这一阶段，人与机器不再作为相对独立的两个部分而单独存在，而是通过相互嵌入形成一种“一半是人、一半是机器”的新的存在方式，即赛博格。从机体哲学视角看，赛博格的产生是人类不断将自身的机体特性赋予机器的结果，这种赋予过程使得“生命机体”“社会机体”“精神机体”与“人工机体”相互杂糅。赛博格的出现，使得

① Nagasawa S, Kanzaki R, Shimoyama I. Study of a small mobile robot that uses living insect antennae as pheromone sensors// Proceeding of the IEEE/RSJ International Conference on Intelligent Robotics and System, 1999: 555-560.

② Chapin J K, Moxon K A, Markowitz R S, et al. Real-time control of a robot arm using simultaneously recorded neurons in the motor cortex. Nature Neuroscience, 1999, 2(7): 664-670.

传统意义上机体与机器之间的界限消失，两种存在方式相互嵌入，从而产生了一种新的存在方式。随着不同类型赛博格的出现，如何合理地控制赛博格也成为需要考虑的问题。如果赛博格发展到某个人类无法控制的阶段，那么就会引起人类的恐慌，比如一旦赛博格的系统被黑客攻击，就会产生无法预料的后果。以“相互嵌入”为特征的人机关系模型是建立在“相互依赖”“相互渗透”模型基础之上的，是人将“生命机体”“社会机体”“精神机体”之中的机体特性赋予作为“人工机体”的机器的高级阶段，是人类试图改变自身、超越自身的更高级目标。这一阶段的出现，会导致一系列的哲学问题和伦理学争议，因此需要尽早地展开反思。

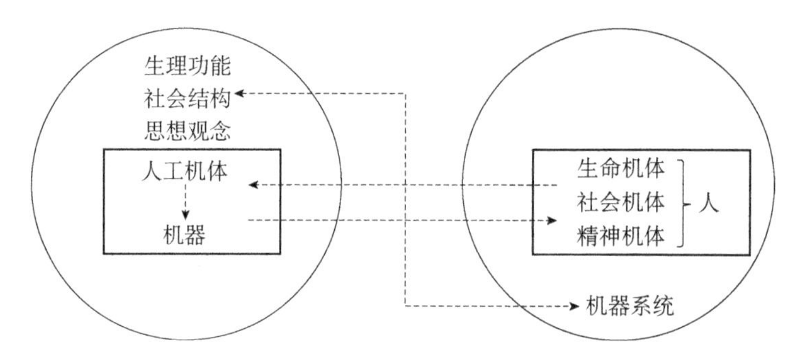

图 4-3　以“相互嵌入”为特征的模型

总体看来，“相互依赖”“相互渗透”“相互嵌入”是当代人机关系结构模型的三个不同特征，实际上反映的都是不同类型“机体”之间的相互影响和相互作用的关系。人机互依是普遍意义上的人机关系结构特征，在当代社会中表现为人与计算机或者数字化机器的相互依赖。在这一阶段，人与机器之间的边界比较清晰。人机互渗是将人或者机器的部分结构与功能渗透到彼此之中，这使得人与机器开始出现彼此交合的模糊地带。到了人机互嵌的阶段，人和机器都不再是独立的个体，而是彼此介入，成为赛博格。“依赖”“渗透”“嵌入”这三种关系既可以在同一个时间段内按照不同程度表现在具体的人机关系中，也可以在不同时间段内按照先后发生的顺序表现在具体的人机关系中。这三种关系的递进式发展模式反映了人类将“生命机体”“社会机体”“精神机体”之中的机体特性赋予作为“人工机体”的机器的递进过程，突出了机器之中的机体特性逐渐明显的发展规律。而且，随着机器的机体特性的程度加深，机器的可控性则减弱。

如图 4-4 所示，在以“相互依赖”为特征的人机关系结构模型中，人与机器作为两个独立的部分相互影响、相互依赖，机器之中的机体特性相对隐蔽，需要借助人的操作而得以展现，因此在这一阶段中机器表现出较强的可控性，即人可以相对容易地操作机器与控制机器。在以“相互渗透”为特征的人机关系结构模型中，人的部分功能与结构要素渗透到机器之中，使得机器表现出相对明显的机体特性，并且机器的部分功能与人的部分功能产生模糊地带，这使得对机器的控制难度加大。在某些人机功能模糊地带对机器功能的控制相对困难，特别是对于某些复杂机器，只有设计者或者发明者才能够完全掌握机器的运行规律，而普通的使用者难以控制这类复杂机器。而在以“相互嵌入”为特征的人机关系结构模型中，“生命机体”“社会机体”“精神机体”在不同情况下作为实体嵌入机器的整体之中，使其表现出非常明显的机体特性，甚至由此形成一种新的存在方式。因而在这一模型中，对机器的控制相对困难，机器的功能和结构与人的功能和结构相互杂糅，对机器的操控与对人的操控相互杂糅，而且机器一旦发生故障，很可能对人造成非常严重的伤害，这种情况下，机器的可控性相对较弱。机器的机体特性与可控性之间的反比例关系，反映了人与机器在相互作用的不同阶段的机体哲学特征，是人与机器之间的机体特性相互作用、相互影响的结果。从机体哲学视角揭示当代人机关系的结构模型，有助于正确认识当代社会中人与机器之间的关系。机器越来越像人的现象并非突然出现，而是人类不断地将自身的机体特性赋予机器的结果。从“相互依赖”到“相互渗透”再到“相互嵌入”，人与机器之间的关系逐渐复杂。如果人机关系发展为完全的“相互嵌入”，那么人与机器之间的本质区别将会被消解，人之为人的主体性地位将会被动摇。因此，以机体哲学视角揭示当代人机关系的互动模型，有助于促进人与机器之间的良性互动，促进人机关系的和谐发展。

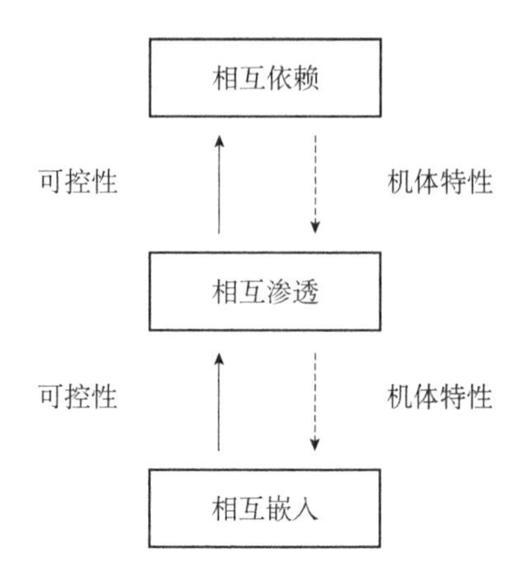

图 4-4 人机关系三个层次中可控性与机体特性之关系

注：虚线箭头表示机体特性的变化方向，实线箭头表示可控性的变化方向

第二节 当代人机关系结构中对“人”的反思

当代人机关系以“相互依赖”“相互渗透”“相互嵌入”为特征的递进式发展模型，展现了当代社会中人与机器之间的新的时代特征。人的行为模式、心理状态和思维方式不可避免地受到机器的影响，而机器的进化路径和发展轨迹同样受到了人的技术行为的影响。从人的思想特征方面看，当代人机关系的新特征引发了人机之间的本体论界限、人机之间的意向差别和人机之间的价值冲突等问题。

一、人机之间的本体论界限

自古以来，人与机器都被视为不同类别的存在物。亚里士多德根据逻各斯区分了人与动物、人与自然之间的本质不同，将理性的特权赋予了人类。但是，伴随着人机交互的深入，理性活动逐渐成为人与机器共同的特征。这个时候，什么是人、什么是机器、什么是人与机器的本质区别等问题就成了亟须回答的问题。

在人类将“生命机体”“社会机体”“精神机体”中的机体特性赋予作为“人工机体”的机器的同时，机器的特性也不断地嵌入人的自身之中。从身体器官到感觉思维，人与机器的相互嵌入导致了新的存在方式，即“超实体”（transembodied）的存在方式。所谓“超实体”，指的是创造出一种新的物质基质（physical substrate）以改变一个人的记忆或思维[①]。在某些科幻电影中，自我意识（self-as-mind）是无实体的（discmbodied）或者超实体的，它们借助电子技术、数字技术和计算技术嵌入一个机械化的物质实体（如计算机）之中。“超实体”的存在方式是人机结合的可能结果之一，将人类思维转化为无限序列嵌入机器之中，从而追求以技术为基础的永生（a technologically-based immortality）。无论是将人的思维嵌入机器之中产生超级智能，还是将机器部件嵌入人体之中产生超级身体，都表明了人与机器之间的本体论界限在模糊地带。

按照西方传统机体哲学的思路，人与机器之间没有本质的区别。莱布尼茨将世界的本原看作“单子”，“单子不是别的，只是一种组成复合物的单纯实体”，“是自然的真正原子”，“是事物的原素”[②]。莱布尼茨的“单子”是一切事物的始基，是人与其他自然物、人工物的同源基础。怀特海将莱布尼茨的“单子”发展为“机体”，将一切事物的本原看作“机体”。怀特海的“机体”作为现实实有的基本存在，不仅涵盖了传统生物学领域中的生命有机体，还包括分子、原子、电子等一切“无生命”的存在。机体成为一种广义的存在，“只要是有一定规律的有序结构体都是有机体”[③]。拉图尔的“行动者网络理论”（Actor-Network Theory，ANT）丰富了怀特海的“机体”思想，将精神与物质、人与非人看作行动者网络中同等重要的因素。拉图尔在吸收了怀特海的“关系”概念的基础上，提出了“行动者网络”的概念，旨在强调各种资源相互联结、相互关联，从而形成一种扩散的知识体系。“行动者网络”中的“行动者”包含了一切关于“行动”的因素，以试图消解自然与社会、主观与客观、人与非人的对立关系。无论是莱布尼茨的

① Campbell C S, Keenan J F, Loy D R, et al. The Machine in the Body: Ethical and Religious Issues in the Bodily Incorporation of Mechanical Devices. Dordrecht: Springe, 2008: 199-257.

② 莱布尼茨. 莱布尼茨自然哲学著作选. 祖庆年译. 北京：中国社会科学出版社，1985：128.

③ 陈奎德. 怀特海哲学演化概论. 上海：上海人民出版社，1988：102.

“单子”、怀特海的“机体”，还是拉图尔的“行动者”，都没有区分机体与非机体，只是突出了机体与非机体共有的一些有机的、流变的、系统的特征，但是泛化的“机体”观念无法真正说明人的独特性与优越性。

按照基于中国文化背景的机体哲学的研究思路，人与机器有着本质的区别。人是“生命机体”“社会机体”“精神机体”耦合作用的结果（人类同时具有生理特征、社会特征和精神特征），而机器是体现了机体特性的“人工机体”。人与机器在质料上也有着明显的区别，人是完全由生命物质（蛋白质、脂肪、核酸等）按照高度精细的结构组合而成的，而机器是由不同性质的人工材料结合而成的。区分“生命机体”“社会机体”“精神机体”“人工机体”中的质料是有必要的，这可以从特定方面解释人与机器的区别。然而，随着人与机器之间相互介入程度的加深，人与机器之间的界限逐渐模糊，人不断地展现出“机器化”的存在方式，而机器也逐渐表现出“人化”的发展方向。人不断地将自身机体特性赋予机器的必然结果，就是机器的机体特性增强，从而导致了机器对人的渗透，甚至是取代和覆盖。当代社会中的人正在用机器武装自己、改良自己，使自己成为“机器化”的存在物，这意味着人在一定程度上被机器化了，有些人可能在机器面前变得麻木而冷漠，逐渐失去了人性的光辉。法兰克福学派的著名代表赫伯特·马尔库塞（Herbert Marcuse）曾尖锐地批判道：“现代科学只关心那些可以衡量的东西及其在技术上的应用，而不再追问技术的人文意义，只关心如何运用手段去工作，而不去关心技术本身的目的，从而出现了被扭曲的科学……在这种状况下形成的发达工业社会不可能是一个正常的社会，而只能是一种与人性不相容的‘病态社会’。”[①]这种“病态社会”就是处于不正常状态的“机器化社会”“数字化社会”“虚拟化社会”，其中的人就是一种不正常的“机器化存在”“数字化存在”“虚拟化存在”。

人的不正常的机器化存在有可能覆盖了人的主体本性，人与机器的共同进化导致了“超人类”与“后人类”的出现。日裔美籍学者弗兰西斯·福山（Francis Fukuyama）就反对这种“超人类”和

---

① Marcuse H. Industrialization and capitalism in the work of Max Weber//Marcuse H. Negations: Essays in Critical Theory. Boston: Beacon Press, 1968: 223-224.

“后人类”的存在方式，强调应当坚持人在技术社会中的本性，“生物技术潜在地带来了后人类阶段，这是非常危险的”[①]，因为人的本性塑造和约束了各种可能性，然而技术的强大足以改变这些可能性，并且招致恶果。人机之间的相互嵌入在本体论上模糊了人与机器的界限，削弱了人的主体性存在。英国学者尼尔·巴德明顿（Neil Badmington）指出，“‘人’天生地处于事物的中心，‘人’完全不同于动物、机器和其他非人的实体，‘人’能够绝对地感知‘自己’与被他人感知，‘人’是历史与意义的起源，并且与其他所有人分享着一个普遍本质（a universal essence）”[②]。然而，当代智能机器正在瓦解着人的普遍本质，使人与机器之间的机体特性不断杂糅，从而产生了“一半是人、一半是机器”的新的存在物。

可以说，当代人与机器的相互介入模糊了人与机器之间的本质区别。西方机体哲学将一切存在物泛化为“机体”的方式不足以解释当代人与机器交互过程中出现的新情况、新问题，人与机器在本体论层面的模糊需要以新的思路来应对。以“生机”为逻辑起点的机体哲学认为人与机器之间的本体论模糊实质是“生命机体”“社会机体”“精神机体”耦合的人与作为“人工机体”的机器这四种类型的“机体”之间相互嵌入的结果，而不同类型的“机体”之间的相互嵌入是人类将自身的机体特性赋予不同事物的结果。解释当代人机关系的本体论意义上的模糊问题，需要从不同类型的“机体”之间的合理交互的方式入手，把握机器发展的限度，从而划分作为“生命机体”“社会机体”“精神机体”的人与作为“人工机体”的机器之间的合理界限，确定其合理的相互关系。

二、人机之间的意向差别

随着当代人机之间由“相互依赖”到“相互渗透”再到“相互嵌入”的发展关系，人类对世界的认识过程也受到了机器的影响。人类

---

① Fukuyama F. Our Posthuman Future Consequences of the Biotechnology Revolution. New York: Farrar, Straus & Giroux, 2002: 7.

② Badmington N. Posthumanism. New York: Palgrave, 2000: 135.

的意向性受到了机器的“意向性”的影响，从而产生了人与机器在认识论层面的意向融合，模糊了人机之间的意向差别。

所谓“意向性”，在弗兰茨·布伦塔诺（Franz Brentano）看来是一种心理活动，“对象的意向性的内存在乃是心理现象的普遍的、独特的特征，正是它把心理现象与物理现象区分开来”[①]。埃德蒙德·胡塞尔（Edmund Husserl）发展了“意向性”的概念，将其理解为“心理目光的指向”“朝向”“专注”，“意向性的基本特征，即‘对某物之意识’的特征”[②]。胡塞尔的意向性指的是“对（of）……的意识”，是一种“指向性”和“朝向性”。当代技术哲学理论的发展将意向性扩展到技术人工物领域，伊德、维贝克等先后提出了技术的“意向性”问题。广义上看，技术人工物处于人与世界之间，具有普遍的指向性，从而延展了人的意向性。

从以“生机”为逻辑起点的机体哲学视角来看，人类意向性与技术人工物的“意向性”有所不同，人的生理结构与心理活动交织产生了独一无二的人类意向性，而技术人工物的“意向性”是人类在技术设计、技术使用和技术解释等不同阶段赋予机器的结果，因而是技术的“意向性”。在人机关系的研究框架中，技术的“意向性”具体指的是机器的“意向性”。机器的“意向性”不同于人类意向性，因为这是人类在意向活动中将自身的意向性特征赋予机器的结果，它的研究和解释必须在人与机器关系的框架中展开。离开了人的意向行为，机器的“意向性”就没有意义了。随着人机关系的深入发展，人与机器的意向性在认识论层面不断融合，其本质为人类意向性和机器的“意向性”的融合。

伊德提出了“人-技术-世界”的四种关系模型，描述了人如何“通过”（through）技术认识世界。这四种关系分别是：具身关系、诠释关系、他异关系和背景关系[③]。“具身关系”指人以一种特殊的方式将技术融入自身的经验中，人借助这些技术来感知世界，并由此转化

① 弗兰茨·布伦塔诺.心理现象与物理现象的区别. 陈维刚，林国文译//倪梁康. 面对实事本身：现象学经典文选. 北京：东方出版社，2000：39.

② 胡塞尔. 纯粹现象学通论. 李幼蒸译. 北京：商务印书馆，1992：104-106.

③ 唐·伊德. 技术与生活世界：从伊甸园到尘世. 韩连庆译. 北京：北京大学出版社，2012.

了人自身的知觉和身体的感觉。在具身关系中，人与技术作为同一个主体面对被经验的世界，技术站在中介的位置上连接了人与世界。“诠释关系”指的是人在技术情境中的特殊的解释活动。“解释”一般指的是文本解释，从而涉及阅读。“技术”的书写转化为一种经验结构，技术通过文本呈现出被指称的“世界”。人通过阅读“技术”的文本，能够理解和解释技术的“世界”。“他异关系”描述的是人与技术的关系或者有关技术的关系[①]。在这种关系中，人与技术的关联是人与作为他者的技术（technology-as-other）的相关性。伊德在“人-技术”关系中提出了技术的准他者（quasi-other）特征。技术的准他者性（quasi-otherness）指的是在使用技术的时候将技术视为准他者，技术有着自身的发展环境和使用要求，使得人们在使用技术时既想“驾驭”技术，又不得不将技术视为不同于人的其他存在方式。“背景关系”考察的是背景中的技术与人的关系。技术的功能在背景关系中的“抽身而去”叫作“不在场”（absent），技术“退到了一边”，成为人的经验领域的一部分，并且融入当下环境背景中。

伊德对“人-技术-世界”结构的四种关系分析，揭示了技术在人与世界关系中的重要位置。无论是作为焦点的具身技术或者诠释技术，还是作为中点的准他异性技术，抑或是作为背景的技术系统或技术环境，都以不同的方式搭建了人与世界之间的重要桥梁，并且以技术的非中立性调节了人与世界不同维度的相互关系。维贝克对这四种关系中的意向性进行了分析，如表 4-1 所示。

表 4-1　人–技术关系

分类	关系释义
具身关系	（人-技术）→世界
诠释关系	人→（技术-世界）
他异关系	人→技术（-世界）
背景关系	人（-技术-世界）

注：此表中“→”表示意向性的方向

① 唐·伊德. 技术与生活世界：从伊甸园到尘世. 韩连庆译. 北京：北京大学出版社，2012：102.

维贝克指出在具身关系、诠释关系与他异关系中存在着技术意向性，这些关系中的技术调节（mediate）了人类意向性，人类并不直接经验这个世界，而是通过作为中介的技术人工物来建构与世界的关系[①]。维贝克将这三种人-技术关系中的意向性统称为技术中介的意向性（technologically mediated intentionality），在这三种关系中，人类意向性是“通过”技术人工物发生的。其实，具身关系、诠释关系与他异关系中的意向性具有不同的特征。在具身关系中，人类意向性与技术意向性杂糅而形成了一个共同意向性来经验着这个世界；而在诠释关系与他异关系中，人类意向性作为独立的环节经验着被技术改造过的世界。

基于当前技术的智能化发展，维贝克在中介意向性的基础上提出了两种赛博格意向性（cyborg intentionality）——混合意向性（hybrid intentionality）与复合意向性（composite intentionality）。混合意向性指的是人和机器的融合使其成为一个崭新的存在方式从而产生的意向性，比如利用微芯片增强人的虚拟感官，或者利用人工心脏瓣膜或心脏起搏器增强心脏的功能。维贝克指出，这里的意向性已经超越了伊德的具身关系中使用眼镜或者电话时对人与世界的关系的调节作用，而是产生了超越于人类意向性的新的意向方式。复合意向性则强调技术自身具有意向性，与人类意向性复合叠加后共同指向世界，例如虚拟现实技术创造出了一个虚拟世界，这种“技术意向性”作为独立的部分与人类意向性复合，从而面向世界，如表 4-2 所示。

表 4-2　人-技术的赛博关系

分类	关系释义
混合关系	（人/技术）→世界
复合关系	人→（技术→世界）

注：此表中“→”表示意向性的方向

① Verbeek P P. Cyborg intentionality: Rethinking the phenomenology of human–technology relations. Phenomenology and the Cognitive Sciences, 2008, 7(3): 387-395.

事实上，维贝克提出的混合意向性与复合意向性，同样是对人类意向性与机器意向性之间的关系的解读。在混合关系中，基于人与机器的相互嵌入，人类意向性与机器意向性难以区分，混合为一种新的意向性。在复合关系中，基于机器的虚拟性，机器意向性看似独立于人类意向性，而作为独立的实体指向世界，但是，机器意向性源自人类意向性，人-机结构之外的机器意向性是不存在的。

人类意向性与机器意向性的融合导致了人与机器在认识论层面的难以区分，人类认识世界与机器“认识”世界的方式交织重叠。人类不断地将自身认识世界的过程以计算模拟的形式赋予机器，这使得机器意向性与人类意向性在认识现实实在的过程中表现出相似的机理，从而模糊了人机之间的意向差别，其典型的事例就是“图灵测试”（Turning Test）。著名数学家图灵设计了一个测试，其中有三名参与者：男人（A）、女人（B）和提问者（C）。C 通过对 A 与 B 进行提问，来判断 A 和 B 的性别。图灵假设：如果将 A 换成计算机，那么 C 是否能正确判断其性别呢？如果计算机可以通过交流使提问者无法判断其身份，那么就意味着图灵测试的成功。在图灵看来，这就意味着机器有智能、能思维，“机器如果能完成人需要用智能完成的行为，如果能像人一样回答提问，那么也应该认为它有智能”[①]。事实上，在英国皇家学会举行的“2014 图灵测试”大会上，聊天程序“尤金·古斯特曼”（Eugene Goostman）就首次“通过”了图灵测试。它模拟的是一个 13 岁的乌克兰男孩，在长达 5 分钟的键盘对话中，尤金成功地被 33%的评委判定为人类，这超过了大会规定的 30%的标准[②]。这反映出人与机器在“对……的意识”问题上开始出现相互融合的趋势，也反映出人类意向性与机器意向性的融合趋势。

基于机体哲学的研究框架，按照人与机器之间相互依赖、相互渗透、相互嵌入的不同程度，人类意向性与机器意向性的融合也有三个

---

① 图灵. 计算机与智能//玛格丽特·博登. 人工智能哲学. 刘希瑞，王汉琦译. 上海：上海译文出版社，2001：56-57.

② 按照大会规则，如果在一系列时长为 5 分钟的键盘对话中，某台计算机被误认为是人类的比例超过 30%，那么这台计算机就被认为通过了图灵测试。此前，从未有任何计算机达到过这一水平。

不同阶段。在以“相互依赖”为特征的人机关系模型中，人类意向性“通过”（through）机器意向性认识世界，具有意向性作用的机器作为中介调节了人与世界认识关系中的意向性。在以“相互渗透”为特征的人机关系模型中，由于机器意向性相对突出，人类意向性在认识世界过程中或者是认识了具有机器意向性的世界，或者是认识了通过机器意向性表现出来的世界。在以“相互嵌入”为特征的人机关系模型中，人类意向性与机器意向性混合或者复合（借用维贝克的概念）而形成新的意向方式，以人与机器的混合物为主体共同经验着世界进而认识世界（表 4-3）。

表 4-3　人类意向性与“机器意向性”的关系

关系	关系释义
相互依赖	人类意向性→机器意向性→世界
相互渗透	人类意向性→（机器意向性和/或世界）
相互嵌入	（人类意向性和/或机器意向性）→世界

注：此表中“→”表示意向性的方向

从机体哲学的视角看，人的意向性是原发性意向状态，是心理活动与生理活动共同作用的结果。机器意向性从属于人类意向性，是对人类意向性的反映，是在人的认识活动中被赋予的指向性与朝向性，只有在人与机器的研究框架中才有意义。“生命机体”“精神机体”“社会机体”与“人工机体”之间复杂的相互作用关系，导致在人机关系中人类意向性与机器意向性在某些方面难以分辨，进而导致在认识世界的过程中人与机器的边界模糊。区分人类意向性与机器意向性在认识活动中的差别，对把握当代人机关系具有重要的意义。

三、人机之间的价值冲突

当代人机关系的深入发展不仅影响了人认识世界的方式，而且影响了人改造世界的方式。从实践论的层面出发，人改造世界的方式是“行动”（action）。“行动”包含着行动者与行动对象，行动的过程体现了价值，因而“行动”意味着行动者通过实践的过程将自身的价值赋予行动对象。在涉及技术的实践论中，行动的过程包含了技术因素。因此，改造世界的行动者，不单单指的是人类主体，而是人与技术的共同作用者。

传统技术理论认为技术自身没有价值，技术的价值取决于使用技术的人，正如美国全国步枪协会（National Riffle Association of America）提出的口号是“枪不杀人，是人杀了人”（Guns don’t kill people, people kill people）[①]。这类观点属于“技术价值中立论”，认为技术自身没有目的，它们只是作为手段被用以实现人的目的，因此技术也没有善恶评价的道德意义。在这类理论中，技术人工物被视为单纯的物理客体（physical objects），其中的物理性能（physical properties）被用来实现既定的目标或者目的，而技术人工物的功能指的是利用这些物理性能促使使用者实现与其功能相关的目的。在使用语境中，使用者的目的蕴含着价值和意义，而其中的功能并不具有价值或者意义。

然而，随着技术自身的进步以及技术哲学理论的发展，“技术价值中立论”逐渐被“技术中介论”所取代。美国全国步枪协会的口号曾被一些人反对，他们认为“枪能杀人”（Guns kill people）。“枪能杀人”意味着枪能促使一个人的杀人行为，因为一个人在使用枪或者不使用枪的情况下会产生不同的行为及其结果。“技术中介论”在本质上描述了技术人工物的“意义”（meaning），它们不仅具有物理的、功能的特征，而且是一种力量的象征（a symbol of power）[②]。“技术中介论”强调技术的价值。人类利用技术实践改造世界的过程，不单单体现了人类的目的和价值，同样体现了技术的价值和目的，从而造成了人机关系在实践论层面的价值重叠和价值冲突现象。

正如本章第一节所提及的，当代人机关系的发展呈现出相互依赖、相互渗透和相互嵌入的递进式特征，当代机器对人类实践价值的

---

① Pitt J C. “Guns Don’t Kill, People Kill”: Values in and/or around Technologies. Dordrecht: Springer, 2014: 89-101.

② Kroes P. Technical Artefacts: Creations of Mind and Matter. Dordrecht: Springer, 2012: 171.

介入大致也呈现出三个不同程度的阶段。在第一阶段中，机器中的机体特性相对隐蔽，机器表现出来的价值属性相对不明显，人类通过机器展现其实践价值的程度相对较弱。在第二阶段，机器中的机体特性逐渐加深，机器表现出来的价值属性开始渗透到人类的行为之中，人有意识地通过机器展现自身的实践价值。在第三阶段，机器中的机体特性较为明显，机器部分地嵌入“生命机体”“社会机体”“精神机体”之中，机器的价值属性和人的价值相互重叠，以一种新的存在方式展现出人机互动中的共同价值意向。

在以“相互依赖”为特征的人机关系模型中，机器中的价值属性相对隐蔽，需要通过人的实践活动揭示其中的价值因素。温纳在论述技术的政治性的过程中，提出了一种“无意识”（unintentional）的技术影响，这可以被看作机器中体现人的实践价值的第一个阶段。温纳列举了两个例子：一个例子是一些建筑物的设计为了凸显财富或者权力而采用较大的台阶，在“无意识”的层面限制了残障人士的通行；另外一个例子是前文提及的由加利福尼亚大学研究员研制的“自动番茄收割机”，尽管发明这种收割机是为了提升番茄的采摘效率、降低采摘的手工成本，但是却在“无意识”的情况下改变了经济关系，使得小型家庭农场被大型农业企业取代。布鲁斯·彼姆博（Bruce Bimber）将技术的无意识影响看作“技术决定论”的一个表现方式，技术将其自身的价值或者意图强加于人类，从而影响了人的实践价值[①]。

在以“相互渗透”为特征的人机关系模型中，机器中的价值属性逐渐明显，开始有意识地渗透到人类的社会生活和技术文化中。温纳同样列举了几个例子用以证明设计者如何有意识地将价值因素赋予技术人工物，从而使技术人工物的价值属性渗透到人的实践价值之中。其中一个明显的例子是芝加哥的赛勒斯·麦考密克（Cyrus McCormick）公司引进了气压铸膜机器（molding machine）作为“清

① Mitcham C. Agency in Humans and in Artifacts: A Contested Discourse. Dordrecht: Springer, 2014: 11-29.

除人渣”[①]的手段与当时的美国钢铁铸工联盟（National Union of Iron Molders）展开对抗[②]。温纳的例子说明了机器之中蕴含着一定的社会价值，这种社会价值在某种程度上规范或者限制了人类的行动框架，机器的价值属性渗透到人的实践价值之中。比温纳的思想更为明确地表达了人的价值蕴含着机器的价值属性的观点，是以拉图尔为代表的“行动者网络理论”，这个理论表达了机器的价值和人的价值没有本质的区别，因为人（humans）与其他“非人”（non-humans）因素一样，都是作为“行动者”在行动的过程中的体现价值。机器作为“非人”的存在，不仅是“中间人”（intermediaries），更是“调节者”（mediators），它们的价值在于“转变、转化、扭转、修正”网络中的其他相关因素[③]。机器作为“调节者”的价值在于改变行动，展现其实践必然性（practical necessities），从而渗透到人的实践价值中。

在以“相互嵌入”为特征的人机关系模型中，作为“人工机体”的机器开始嵌入人的各类“机体”之中，机器的价值属性与人的实践价值相融合，表现出共同行动的可能性。在这一阶段中，机器自身的智能化发展显得尤为重要。因为机器有着与工具不同的操作模式，工具的能量源自身体（肌肉）力量，其操作注重手眼协调（hand-eye coordination），如使用锤子；而机器的能量来源可以是电力、风力、水力等非人体力量，其操作者是作为整体的人，如驾驶一辆汽车。因此机器自身的智能化发展，使得作为操作者的人可以由一个电脑程序代替，人在设计这类电脑程序的过程中，将自身的行动意向以计算的方式表达出来，从而赋予了机器自身行动的价值。越是智能的机器，越能体现人类的价值意图，从而就越容易与人相互嵌入，展现出共同的价值意图。假设一种极端情况：某个人的身体中被置入了连接外部程序的芯片，芯片可以帮助这个人在不同情境中进行选择，那么选择的结果究竟是这个人的实践价值，还是这个芯片所蕴含的价值属性，

---

① “人渣”是指那些组织芝加哥地区钢铁铸工联盟的技术熟练的工人（注释引自原文）。

② 温纳. 人造物有政治吗？//吴国盛. 技术哲学经典读本. 上海：上海交通大学出版社，2008：184-199.

③ Latour B. Reassembling the Social: An Introduction to Actor-Network-Theory. Oxford: Oxford University Press, 2005: 39.

抑或是人与机器共同的价值呢？

可见，随着人与机器的共同进化（co-evolution of humans and machines），人的实践价值和机器的价值属性会在某些方面产生融合。但是，人的实践价值与机器的价值属性不同，人是“生命机体”“社会机体”“精神机体”耦合的结果，其实践行为表现出明显的生命价值、社会价值和精神价值。机器作为“人工机体”，是人类技术行为的结果，它的价值属性研究必须在人机关系的框架中展开才有意义。人的价值和机器的“价值”在行动框架中产生融合或者冲突，是当代人机关系不断深入发展的结果之一。

第三节　当代人机关系结构中对“机器”的社会批判

当代社会中人机关系的新特征不仅导致了对“人”的复杂影响，而且也引发了对“机器”的社会批判。从机体哲学视角看，作为“人工机体”的机器展现出不断增强的机体特性，表现出一定意义上的“活性”。然而，当前很多观点仍然将机器视为“死”的东西，视为仅仅是为了满足人的需求而存在的“物”。在这种矛盾中，人机关系暴露出越来越多的问题，特别是机器对于人的不同类型的异化，需要对此进行批判和反思。

一、人作为机器“附庸”的劳动异化

机器对人的影响首先体现在劳动力的代替方面，“作为工业革命起点的机器，是用一个机构代替只使用一个工具的工人”[①]。随着机器被逐渐应用于生产，工人的手工劳动被逐渐取代，工人成为机器的“附庸”。马克思写道：“经由技术手段，现代工业将人们由于生计而不能不被束缚于一种单一操作的劳动分工一扫而空。与此同时，该种工业的资本主义形式又以一种更加奇异的方式复制了那

① 马克思. 资本论（第一卷）. 中共中央马克思恩格斯列宁斯大林著作编译局译. 北京：人民出版社，2004：432.

种分工；这是在工厂这个特定场所中，工人被转变为机器的活的附属物而造成的。”①

与工业革命时期的社会经济结构转型类似，当代信息社会中的劳动者同样面临着被机器取代的危险。例如，有一些超市采用自动扫码机代替收银员，加油站通过自动设备代替加油工人，医院“雇佣”看护机器代替传统的护工协助患者吃药，等等。马丁·福特（Martin Ford）指出：“到了未来的某个时候——可能是从现在起几年或几十年——机器便能完成相当大比例的‘普通人’的工作，而这些人，则再也无法找到新的工作。”②伴随着计算机硬件、软件和网络技术的飞速进步，不仅个别的工人面临失业的困境，许多社会组织、机构、政策和思维方式都跟不上形势了，社会经济面临着“技术性失业”和劳动市场的破坏。当前，通过自组织创新的方式，部分企业利用新技术创建市场，以解决部分人的就业问题。例如，苹果公司的应用商店和谷歌的安卓应用市场，使得拥有创意的人可以在移动应用程序上方便快捷地创建和分发程序。经济学家约瑟夫·熊彼特（Joseph Schumpeter）将其称为“创造性破坏”，即充分利用新技术和人类技能，共同创造新的组织结构、流程和业务模式③。但是，有些极端的观点认为，未来的世界是机器人的世界，未来的主要劳动力是机器人，人类的工作应当是设计机器人或者管理机器人，不然就会被机器人所淘汰。

不仅如此，从当前国家层面的战略规划看，很多发达国家仍然以发展智能机器为目标用以“服务”人类。在2011年德国汉诺威工业博览会上，德国率先提出了“工业4.0”的概念。德国工业巨头西门子股份公司将“工业4.0”表述为“智能制造，通过处理器、存储器、传感器和通信模块，把设备、产品、原材料联系起来，使得不同的产

① 马克思. 资本论（第一卷）. 中共中央马克思恩格斯列宁斯大林著作编译局译. 北京：人民出版社，2004：530.

② 转引自埃里克·布林约尔松，安德鲁·麦卡菲. 与机器赛跑. 闾佳译. 北京：电子工业出版社，2014：16.

③ 约瑟夫·熊彼特. 经济发展理论. 何畏，易家详译. 北京：商务印书馆，1990.

品与生产设备能够互联互通并交换命令”[①]。德国的“工业 4.0 ”的核心是不断升级“物理信息系统”所控制的“智能工厂”，以促使它具备像人一样的“独立思考能力”。2013 年，美国政府公布了《国家制造业创新网络：一个初步设计》（National Network of Manufacturing Innovation: A Preliminary Design），成立了美国政府主导的工业互联网联盟（Industrial Internet Consortium，IIC），吸纳了通用电气、思科、IBM、英特尔等众多互联网技术（IT）企业，试图通过 IT 合作，激活制造业，让物理世界与数字世界融合起来[②]。继德国、美国提出工业 4.0 方面的计划之后，日本也提出了以人工智能为主导的工业计划。2015 年 1 月，日本制定了国家级发展战略——《日本机器人新战略》（*Japan's Robot Strategy*）[③]，通过信息化融合技术，实现“自律化”“数据终端化”“网络化”，最终打造世界上最先进的机器人。中国政府在 2015 年的《政府工作报告》中提出要实施高端装备、信息网络、集成电路、新能源、新材料、生物医药、航空发动机、燃气轮机等重大战略项目。智能战略项目意味着机器系统中开始嵌入更多的机体特征，如果不能妥善处理“机器”与“机体”的关系，那么就会在更大范围内导致人的劳动异化。

无论是替代纺织工人的纺织机还是替代护工的智能型机器人，都是对人类传统劳动方式的冲击，人们在劳动关系中开始处于被动、消极的地位。人的劳动行为受到了机器的制约，人“附属”于机器、“服务”于机器，这就导致了机器对人的劳动异化。这种异化关系产生的原因是人类仍然将机器视为仅为了满足人的需要而存在的“物”，人类专注于机器的生产力和执行力，忽略了其中的机体特性。如果不能将机器与人的和谐协作视为发展机器的目标，那么机器越智能，其异化的作用就越明显。

① 吴为. 工业 4. 0 与中国制造 2025. 北京：清华大学出版社，2015：67.

② 吴为. 工业 4. 0 与中国制造 2025. 北京：清华大学出版社，2015：96.

③ 吴为. 工业 4. 0 与中国制造 2025. 北京：清华大学出版社，2015：114.

二、机器使用中的功能异化

机器作为“人工机体”越来越深入地影响着人类的社会生活和精神生活，机器越来越明显地展现出其自身的机体特性。然而，很多人仍然只关注机器的“物性”，而不关注机器的“活性”，那么在使用机器的过程中也会出现大量的“异化”现象。机器使用中的异化现象主要体现在功能方面，对机器功能的不合理使用是其功能异化的主要原因。

首先要区分一下机器的“功能偶发性失常”（malfunctioning）和机器的不合理使用（unreasonable usage）之间的不同。“功能偶发性失常”是霍克斯和弗玛斯列出的技术功能的四种用途之一，它表示技术人工物在某些情况下短暂地出现功能失常的现象是合理的。霍克斯和弗玛斯归纳了人工物的功能偶发性失常的三种分类标准：①从功能偶发性失常的程度区分，从轻微的失常导致没有达到最佳性能、大小缺陷，一直到彻底不能实现其功能；②从功能偶发性失常的人工物的型号区分，如果人们发现同一型号的人工物在使用中偶尔超出设计标准和要求，那么可以将其看作是功能偶发性失常；③从功能偶发性失常的情境进行区分，具体包括“行动中的评价”（evaluation-in-action）、“外部评价”（external evaluation）和“事后比较评价”（post-hoc evaluation）[①]。技术人工物的功能偶发性失常实际上提供了一种分析技术人工物功能的合理模式，即技术人工物可以在不同的视域中显示出它自身的功能形态。在不同的评价体系中，可以按照不同的方式描述技术人工物的功能，一些情况下的功能失常可能在另一些情况下没有失常。机器的功能偶发性失常是机器功能的一种正常现象，根据不同的评价体系和评价标准，机器在某些情况下是可能出现短暂的失常现象的。

机器的不合理使用导致的功能异化则与之不同，指的是使用者没有考虑机器自身的机体特性而过度使用或者非理性使用，从而导致了机器在使用过程中对人的限制和禁锢。从个人层面看，现在的儿童从小就生活在充斥着各种智能设备和智能程序的环境中，长时间无节制地使用智

---

① 威伯·霍克斯，彼得·弗玛斯. 技术的功能：面向人工物的使用与设计. 刘本英译. 北京：科学出版社，2015：95-96.

能设备玩游戏、看电视等行为会给儿童的身体健康和心理发育带来潜移默化的消极影响。青年一代将过多的时间用于网络，如刷微博、聊微信、玩网络游戏，甚至无节制地观看网络直播等，不仅影响了他们的正常工作秩序和生活秩序，而且造成了他们思维的“碎片化”、行为的“非理性化”等异化现象。从社会层面看，机器的不合理使用带来了一系列的社会风险，如不合格产品给消费者带来的损害、劣质工程给使用者带来的风险、人工物超期使用造成的各类事故等。随着纳米技术、信息技术、生命合成技术等高科技的发展，由机器不合理使用带来的社会风险和异化现象发生的可能性将大大增加。比如，我们可以设想由不良软件引起的智能机器事故，如果智能机器的软件受到病毒的侵袭，由此做出错误的行为将引发大规模的破坏性后果。

我们需要认真对待这类由机器的不合理使用而带来的社会风险和对人的异化。随着机器的升级，这些已经出现或者即将出现的人机关系都表示了机器将逐渐渗透或者嵌入人的“生命机体”“社会机体”“精神机体”之中，形成作为新物种的“人机共同体”[①]。深入发掘机器中隐藏的机体特性以及机器在使用中表现出来的机体特征，有助于我们认清机器使用中的功能异化现象，从而有助于尽量避免由机器异化现象带来的风险事故。

三、机器作为“座架”的精神异化

机器作为“座架”使人的精神世界产生了异化，不仅包括个别机器对个人精神世界的限制和禁锢，更表现为机器作为现代技术系统可能给人类社会的精神建设带来的消极作用。“座架”（das ge-stell）是海德格尔哲学思想中的重要概念，它表示“摆置（stellen）的聚集者，这种摆置摆置着人，也促逼着人，使人以订造方式把现实当作持存物来解蔽”[②]。“促逼”（herausfordern），日常含义是“挑衅、挑战、引起”等，意味着“一味地去追逐、推动那种在订造中被解蔽的

① 段永朝，姜奇平. 新物种起源——互联网的思想基石. 北京：商务印书馆，2012：307-319.
② 海德格尔. 技术的追问//吴国盛. 技术哲学经典读本. 上海：上海交通大学出版社，2008：310.

东西，并且从那里采取一切尺度”[①]“解蔽”（das Entbergen）是从“遮蔽状态”到“无蔽状态”的过程，“技术乃是一种解蔽的方式”[②]。“座架”本身没有负面意义，但是在“座架”中起支配作用的“解蔽”乃是一种“促逼”。将现代技术体系视为“座架”，表达了现代技术体系对人类精神世界的“促逼”，使得人类只能被迫“适应”技术环境或者说机器环境。汉娜·阿伦特（Hannah Arendt）就曾经指出：“人在设计机器的同时也就让自己‘适应’了一个机器环境”，“机器确实已经变成了我们存在的一种不可摆脱的处境。”[③]

按照这种理解，机器不仅决定了自身的进化轨迹和发展规律，而且决定了人的社会规则和行为方式。人在现实生活中必须运用某种或某些机器时，机器自身的规则和程序就相应地规定了使用者的操作方式和思考方式，使用者必须按照机器的规则行事。这种机器的“座架”限定了“精神机体”的思维方式，使“精神机体”被置于机器的模式之中。人们的价值选择和活动设计都为“座架”所摆布，因此出现了僵化刻板的思维、碎片化思维以及追随机器节奏产生的紧张焦虑心态等精神异化现象。这些精神异化现象的产生很多时候是因为人们面前的世界只是按照一种被选择的面目呈现自己，而“遮蔽”了其他可能的选择。诚如雅克·埃吕尔（Jacques Ellul）所说，技术“像自然一样，它是一个封闭组织，这允许它独立于所有的人类干预而自我决定”，“技术就是价值”（Technique is value）[④]。

需要承认的是，当代社会中的人机关系趋向于彼此嵌入，在人将自身的机体特性赋予机器系统的过程中，机器系统的一些特点也会影响到人的行为方式和思维方式，比较严重的结果就是现代技术系统作为海德格尔所说的“座架”对人类的精神世界的异化。这种精神异化产生的一个原因，就是没有及时关注机器和现代技术系统中的机体特性，没有及时发掘人与机器相互嵌入的深层次根源，从而导致了以机

---

① 海德格尔. 技术的追问//吴国盛. 技术哲学经典读本. 上海：上海交通大学出版社，2008：314.

② 海德格尔. 技术的追问//吴国盛. 技术哲学经典读本. 上海：上海交通大学出版社，2008：305

③ 汉娜·阿伦特. 人的境况. 王寅丽译. 上海：上海人民出版社，2009：113.

④ 埃吕尔. 技术秩序//吴国盛. 技术哲学经典读本. 上海：上海交通大学出版社，2008：120-123.

器或者技术系统的特性为出发点看待人机关系的错误方式。反过来，如果以机体哲学的视角看，以机器和技术系统中的机体特性为出发点，将人的思维活动和精神世界中的机体特性视为技术系统产生和发展的原因之一，那么就可以从机体哲学的视角理解机器系统的规律，避免机器系统对人类社会行为和精神世界的异化。

四、“机器世界”对人类生存方式的异化

机器的特殊性在于它不仅表示了一种器物式的存在，它还代表着一种文化形态，即机器文化。机器文化来源于机器运行时的机械化特征，这种机械化特征可以被放大到文化场域中，形成一种以机器作为隐喻的“机器世界”。“对于一个劳动者社会来说，机器世界已经变成了真实世界的替代品。”[①]在“机器世界”的视域中，人只是机器的“奴仆”，被迫“适应”机器的要求和机器的环境，这其实是一种“机器世界”对人类生存方式的异化表现。

托马斯·休斯（Thomas Hughes）从宏观意义上提出了技术与文化相互作用的四阶段模型[②]，这为思考当代社会中的作为隐喻的“机器世界”提供了理论参考。休斯指出，技术与文化第一阶段的相互作用体现在技术或技术人工物是作为人的第二创造物（a second creation），这种观点主要基于古希腊哲学思想，将人的意图或者上帝的意图视为技术产生的根源。第二阶段的技术背景是工业革命，机器被视为人类秩序和社会组织的模型，机器的秩序被转移到人类世界之中。人类试图找到一种机器的模式用来说明人的意图，在这种动机之下，机器模式自身被视为类似的意图（intention-like），机器的存在方式和行为方式被视为一种“机器文化”（machine culture）。随着技术以前所未有的复杂形态展现出来，技术与文化的关系也有了新的变化。在第三阶段中，技术背景基于控制论（cybernetics theory）和系统论（systems theory），系统的产生预示着技术超出传统的人工控制，形成

---

① 汉娜·阿伦特. 人的境况. 王寅丽译. 上海：上海人民出版社，2009：119.

② Hughes T. P. Human-Built World: How to Think about Technology and Culture. Chicago: University of Chicago Press, 2004.

了机器的概念化（conceptualization of machines）发展。在机器控制语境中，机器似乎有了特定种类的人工意图，而且以机器控制的“语言”对人类意图进行了概念重构（reconceptualization）。传统意义上的“意向性”不断地被信息理论或者控制理论的概念重新建构，休斯所称的“技术的价值”（technological values）被“灌输到”（infused）艺术、音乐、建筑等领域，这种文化的多样性超出了任何一种先前的想象。最后一个阶段是人类开始重新反思环境中的价值问题，特别是在环境危机和可持续发展理念中，建构一种“生态人工物”（eco-artifacts），用以构建人与世界的和谐关系。

休斯对“机器文化”的关系分析对于理解当代社会中作为隐喻的“机器世界”有着重要的意义。机器的智能化发展和概念化建构使得人类自觉或者不自觉地用“机器”的系统语言、行为方式、概念范畴等“机器模式”来描述人类的心理活动和社会活动，现代人生活在一种机器世界的环境之中。尤其是随着人与机器相互渗透和相互嵌入的关系的发展，以人机结合为主要特征的“赛博格隐喻”也成为当代社会中认识人机关系的一个方面。在很多科幻小说和科幻电影中，半人半机的赛博格形象成为主流，如《我，机器人》《黑客帝国》《人工智能》《机器人战警》等科幻电影，以及《弗兰肯斯坦》《“太空漫游”四部曲》等科幻小说中所描绘的科幻人物都是赛博格的写照。尽管科幻文学作品超越于当前的现实，但是却在某种意义上暗示了人与机器的未来发展走向。这是因为科幻作品作为“模因”（meme）的一部分，建构着、塑造着我们的时代文化。“模因”是英国生物学家理查德·道金斯（Richard Dawkins）在《自私的基因》（*The Selfish Gene*）一书中提出的，他认为演化的驱动力不是个人、全人类或各个物种，而是复制者（replicators）。所谓复制者，既包括基因也包括“模因”①。“模因”类似于作为遗传因子的基因，它作为文化的繁衍因子，也经由复制（模仿）、变异与选择的过程而不断演化。科幻小说作为“模因”的一部分，其中的科幻人物经由模仿或者学习被复制到不同的剧本中，同样经历着物竞天择的过程。这是否意味着我们会按照科幻人物的特

① Dawkins R. The Selfish Gene. Oxford: Oxford University Press, 1976.

征而进化呢？这种观点会带来很多富有启发性的思考。

当然，人类进化成为超能力的赛博格是比较极端的观点，但却能提醒我们反思“机器世界”作为一种“模因”给人类生存方式带来的异化。机器作为人类技术发明的结果，其中蕴含着由人所赋予的机体特性。一味地以“机器世界”“机器文化”来理解我们的生活世界，是一种异化现象。应该从机器中的机体特性出发，合理地看待人与机器共同进化中的机体要素，避免奥格本所说的“文化迟疑”（cultural lag），这里的“文化迟疑”指的是“不同于动物或者早期的人类对环境的适应，现代人生存于一种文化环境中，在这种环境里，不是人适应了环境，而是环境适应了人”[①]。“机器世界”作为一种“模因”，对当代人类的生存方式仍然有一定的异化作用。从机体哲学的视角看待机器，尽量避免让人适应机器，应当让机器的发展适应人的生理和心理需求。

从机体哲学视角出发，当代人机关系表现为作为“生命机体”“社会机体”“精神机体”耦合的“人”与作为“人工机体”的“机器”之间的相互关系。四种类型的“机体”相互影响、相互限制，从而展现出了人与机器之间以“相互依赖”“相互渗透”“相互嵌入”为特征的递进结构模型。人与机器之间的递进式发展关系，给人机关系结构中的人和机器都带来了不同程度的挑战。这不仅造成了人与机器之间在本体论层面的界限模糊、认识论层面的意向融合以及实践论层面的价值冲突，而且导致了人作为机器“附庸”的劳动异化、机器使用中的功能异化、机器作为“座架”的精神异化，以及作为隐喻的“机器世界”对人类生存方式的异化等现象。从机体哲学视角剖析人机关系逐渐复杂的深层次原因，可以发现正是人类通过技术实践不断地将“生命机体”“精神机体”“社会机体”中的机体特性赋予作为“人工机体”的机器，从而导致了机器对其他类型的“机体”的部分取代。这种“取代”的根源就在于人类不断地将功能、意向和责任的特征通过技术手段赋予机器，从而造成了四种类型的“机体”之间的发展不协调，导致了当代人机关系的新特点和新问题。

---

① Ogburn W F. Social Change with Respect to Culture and Original Nature. New York: Huebsch, Inc., 1922.

第五章 机体哲学视野中的人机关系演进分析

按照中国文化背景的机体哲学思想，“人”与“机器”有着某种共同的本质，那就是都作为“机体”而存在。“机体”的关键在于“生机”，“生机”是指“能够以较小的投入取得显著收益的生长壮大态势”。“人”与“机器”都表现出了“生机”的特点，即在机体特征上的“同构性”。基于这种“同构性”，当代社会中的人机关系展现出相互依赖、相互渗透和相互嵌入的种种复杂特征。在机体哲学视角下进一步发掘“人”与“机器”具有“同构性”的原因，可以看出正是人类通过技术实践和社会建构的过程，将“生命机体”“精神机体”“社会机体”之中的“生机”特性赋予作为“人工机体”的机器，才导致了当代人机关系的复杂特征。具体说来，这种赋予的过程，就是将涉及以上三种类型“机体”之中的“功能”“意向”“责任”分别转移到作为“人工机体”的机器之中。正如第三章第四节所分析的，“功能-意向-责任”模型的建立是基于三者之间的内在联系。人将自身机体特性赋予机器的表现是“功能中的机体特性”；其功能中展现出机体特性的根源是人将“意向中的机体特性”赋予机器；人将自身的意向特征通过功能转移到机器之中，其结果就是赋予机器以特定的“角色”，从而体现了“责任中的机体特性”。

人类将“功能”“意向”“责任”中的机体特征赋予机器的过程，是以技术实践为手段的。基于霍克斯和弗玛斯的“技术的行动理论”，本书以“使用-计划”为蓝本，聚焦于技术实践中的“技术设计”和“技术使用”两个主要环节，分析人类如何将自身的机体特性通过这两个环节赋予作为“人工机体”的机器。具体而言，人类首先将“功能中的机体特性”转移到机器之中，就是通过由简单到复杂、由局部到整体、由低级到高级的过程先后将肢体功能、感官功能、思维功能和道德决策功能赋予机器，使其通过适当调控，实现以较小的投入取得显著收益的目的。机器的功能转移揭示了其背后的意向转移，即人类利用机器的功能实现人类不断提升自身的生机与活力的根本意图。在涉及机器功能的使用语境、设计语境和解释语境中，人类试图将具有“生机”的意向特征赋予机器，使其不断地表现出以更加省力的方式获取更为显著收益的意图。并且，随着机器中功能与意向的不断展现，人类试图将具有社会特征的责任转移到机器之中，使其表现出以合理的方式整合社会资源以实现利益最大化的“生机”特征。分析机器中的机体特性及其形成原因，有助于我们了解机器的发展规律，减轻机器对人的负面作用，促进不同类型“机体”之间的良性发展。

第一节　人机关系中的功能转移

什么是功能？英文中“功能”一词是 function，其中的一种解释是“作用、功用、用途”[①]。在这种释义下，“功能”一般是用来描述某个客体“用来做什么的”（for what）。“功能”的概念最先在生物学领域得到了一定的关注，随之而来的是社会学中的功能、语言学中的功能等概念相继被讨论。那么在技术领域中，如何定义技术人工物的功能呢？从广义上看，技术人工物的功能同样可以被描述为“用来做什么的”，即技术人工物的“用途”。但是，技术人工物的“用途”与生物有机体的“用途”有些不一样，因为技术人工物的一个先决条件是“人造”（human-made）之物。因此，技术人工物的“用途”可以从两个方面理解：一是它能用来做什么，二是我们想用它来做什么。前者涉及人工物的物理结构和性能，而后者涉及人类的意向和需求。按照霍克斯和弗玛斯的 ICE 理论，技术人工物的功能归属包括三方面：①意向要素（即满足人类的意向和需求）；②因果-作用要素（即

---

① 孙复初. 新英汉科学技术词典. 北京：国防工业出版社，2009：927.

满足人工物的物理结构和性能)；③进化要素（同时满足人类的意向和人工物的物理性能）。

按照机体哲学的思路，人工物的功能是人类通过技术实践所赋予的结果。人类在设计和使用技术人工物的过程中，既要考虑到物理结构和性能，又要考虑到人类的意向和需求。从长远的角度看，人工物的进化既是物理结构和性能的调整，又是人类意向和需求的变化。但是，这种变化有一个内在的逻辑关系，那就是人类希望通过技术人工物实现更加省力、更加有效和更加优化的目的。在机体哲学的框架中，这种目的表现为“生机”的特性，即通过适当调控实现以较小的投入取得显著收益的过程。

从人机关系上看，人将自身功能中的机体特性赋予机器，并不等同于将人与机器的功能进行简单的类比。在技术哲学、生物哲学、社会进化理论等领域类比人与机器的相似功能，有很多成熟的观点，但是这些类比理论的根源都可以在机体哲学的框架中加以解释，即人类将功能中的机体特性赋予了机器，使其表现出与人类相似的功能。对机器的功能展开研究的过程必须要考虑人的因素，人类为了实现“生机”的目的不断地优化和改良机器，使其能逐渐突显以较小的投入获取显著收益的机体特性。

基于机器的发明历史，人类将自身机体特性赋予机器的过程经历了由简单到复杂、由局部到整体、由低级到高级的变化规律，人类先后按照自身肢体功能、感官功能、思维功能和道德决策功能来设计和使用机器。研究这一过程的发展规律，可以看出作为“人工机体”的机器表现出越来越明显的机体特性，而这正是人类的技术实践活动所导致的。

一、由简单到复杂的功能设计

纵观机器的进化历史，从古代的水平仪到现代的电子芯片，从工业革命时期的轧棉机到信息时代的无人驾驶汽车，无一不展现了机器从简单到复杂、从单一到多样的进步图景。这反映出人类将自身机体特性赋予机器的不同阶段，具体可以分为肢体功能、感官功能、思维功能和道德决策功能四个阶段。在人类将自身机能赋予机器的不同阶段，功能转移的表现方式也有所不同，在简单的工具中体现得比较明显，而在复杂的机器中表现得相对比较隐蔽。

（一）肢体功能

人类将“生命机体”之中的机体特性赋予技术人工物的过程始于对肢体功能的强化和代替，因为技术被认为起源于对人的缺陷补偿[①]。德国哲学人类学家米切尔·兰德曼（Michal Landmann）认为，在构造上每个物种的必要性都被特定化（specialization）了，这规定了不同动物在各种形势下的不同行为。然而，人却缺乏这种特定化，人的器官并不具有片面的、被特定化了的自然功能，因此人在本能上是匮乏的，“自然没有对人规定他应该做什么或不应该做什么”[②]。因而人需要理性创造来弥补自身的匮乏本能，以求得在开放环境中的生存。人类利用技术的手段来弥补本能上的匮乏，使用技术为人类适应外部环境提供了更多的可能性和开放性。

亚里士多德认为技术的本性是对自然的模仿，通过技术的方式完成自然所不能实现的目的，“一般来说技术在某种意义上完成自然所不能完成的东西，在某种意义上模仿自然”[③]。人类对自然的模仿始于自身的生理功能，特别是对“手”的功能的模仿和延长，“弯曲的手指变成了一只钩子，手的凹陷成为一只碗；人们从刀、矛、桨、铲、耙、犁和锹等，看到了臂、手和手指的各种各样的姿势”[④]。人类首先将“手”的功能赋予简单工具，是因为“手”的功能在人的肢体功能中占有重要的位置，“手似乎不是一种工具，而是多种工具，是作为工具之工具”。“以手为例，它既是爪，是螯，是角，又是矛，是剑或是其他什么武器或工具。手可以是所有这些东西，因为手能把握它们，持有它们。自然界成功地设计了手的这种本然形式以适宜多种功

① 马克思·舍勒. 人在宇宙中的地位. 李伯杰译. 贵阳：贵州人民出版社，2015.

② M. 兰德曼. 哲学人类学. 阎嘉译. 贵阳：贵州人民出版社，2006：195-210.

③ 亚里士多德. 亚里士多德全集（第二卷）. 苗力田译. 北京：商务印书馆，1991：52.

④ 卡尔·米切姆. 技术哲学概论. 殷登祥等译. 天津：天津科学技术出版社，1999：6.

能。”[①]

除了手的功能以外，人类还不断地将其他肢体功能赋予各种工具和机器。在卡普看来，人类将心脏的功能赋予唧筒，将牙齿的功能赋予锯，将足的功能赋予轮子，等等。不仅如此，人类同样将人体生理系统的功能赋予社会技术系统。例如，铁路被认为是人体血液循环系统的投影，蒸汽机被认为是人体营养系统的投影，电子通信系统被认为是人体神经系统的投影[②]，等等。

（二）感官功能

随着科学技术的进步，人类对技术物品的设计与使用已经不满足于简单的抓举、切割、打磨等基础功能，而开始将“生命机体”之中的感官功能赋予作为“人工机体”的机器。由感官功能产生的感知行为是沟通外在世界与内在知觉的重要方式。梅洛-庞蒂指出，感知是“内在性与超越性的悖论”，“是一切行为得以展开的基础，是行为的前提”[③]。在通常意义上，感官功能包含视觉、听觉、触觉、味觉和嗅觉。在技术活动中，人类赋予机器以感官功能，试图使机器拥有看、听、闻、尝、触等功能。

从机体哲学出发，机器能够模拟人的感官功能，是基于其所具有的机体特性，即以相对简单的动作（包括看、听、闻、尝、触）获取相对复杂的感受、经验、知识等心理活动与认知活动。以视觉为例，行为者通过“看”的微小动作，触发自身的感受和知觉，从中汲取经验，并最终转化为知识。人类的视觉过程主要是通过眼睛获取可见光信息，形成机体对周围世界的形象感知。尽管人类的视觉过程可以被还原为简单的神经传导动作，但更为重要的却是看到的是什么，即如何认知所看到的客体。这里涉及主体的生活经验，因为“视觉是生命中一种带方向的‘隐喻’”，主体的“看”实际包含了自身的精神世界与生活经验。汉斯·约纳斯指出，“视觉是最典型的共时性的感觉。在

① 亚里士多德. 亚里士多德全集（第四卷）. 苗力田译. 北京：中国人民大学出版社，1994: 131-132.

② 王楠，王前. “器官投影说”的现代解说. 自然辩证法研究，2005，21（1）：1-4.

③ 莫里斯·梅洛-庞蒂. 知觉现象学. 姜志辉译. 北京：商务印书馆，2012：前言 5.

视觉中包含了许多重叠的事物，把各种不同的部分共同地显示出来。所以，视觉把各种同时出现的不同事物呈现出来”[①]。同样的，梅洛-庞蒂指出，“视觉已经被一种意义所占据，这种意义把世界的景象和我们生存中的一种功能赋予了视觉”[②]。人类将自身的感官功能赋予机器，制造了具有不同种类传感器的机器。目前，具有视觉功能和听觉功能的机器相对普遍，而具有触觉功能、味觉功能和嗅觉功能的机器还在研发之中。这里以机器的视觉功能为例，解释人与机器在功能层面的“同构性”。机器的视觉功能指的是利用视觉传感器和计算系统代替人眼对目标（图像）进行识别、跟踪和测量，在对目标进行预处理的基础上进行特征提取、筛选和分区，最后用计算机程序处理成为更适合人眼观察或传送给仪器检测的图像。人类在设计具有视觉功能的机器之初，参考了人类自身的视觉活动过程，以相对简单的动作（图像获取）实现更为复杂的目标（图像识别）。

机器视觉可以模拟人类的视觉功能，是基于其自身蕴含的机体特征。这种“以较小的投入获取显著收益”的机体特性是由人类在技术实践活动中赋予的。但是需要说明的是，尽管机器视觉的机体特性表示了它可以模拟人的视觉功能，但机器的视觉与人的视觉有着本质的差异。从哲学上看，视觉感官不是单纯的图像输入与图像输出，而是拥有视觉能力的主体有意识或无意识地将自身的生活经验与精神世界转化为对世界的知觉，而机器视觉不具备这样的生活经验和精神世界，因此机器的视觉不能完全等同于人类的“看”。

继人类将相对简单的身体功能赋予机器之后，人类开始将稍微复杂的感官功能赋予机器。机器的功能转移之所以能够实现，是因为人与机器在功能层面的“同构性”。但是，相较于身体功能的转移，感官功能的转移更为复杂。隐藏于感觉器官中的经验、知识、直觉等主观建构活动，是无法被还原为计算过程而转移到机器之中的。

---

① Jonas H. The Phenomenon of Life: Toward a Philosophical Biology. New York: Dell Publishing Co., 1996: 26-30.

② 莫里斯·梅洛-庞蒂. 知觉现象学. 姜志辉译. 北京：商务印书馆，2012：70-71.

（三）思维功能

人类将自身功能赋予机器的下一个步骤就是转移“精神机体”之中的思维功能，这里的思维实际上指的是胡塞尔的“自然的思维”[①]。换言之，人类将思维功能转移到机器之中的过程，实际上是人类利用机器帮助自身认识外界事物，综合外界事物的意象，抽象外界事物特征并形成对外界事物的整体认识的过程。从目前人工智能的发展程度看，部分机器可以实现下棋、作曲、绘画、辅助设计、证明定理、自动编程等功能，体现出了自适应、自学习、自组织、自我协调、自我优化等思维特点。

人类将自身的思维特征通过技术的手段赋予作为“人工机体”的机器，但并不意味着机器真的有思维、能思考。即使是通过了“图灵测验”的聊天程序“尤金·古斯特曼”（详见第四章第二节），也不能说它真的有思维。塞尔的“中文屋论证”（Chinese Room Argument）可以被看作对“图灵测验”的驳斥。“中文屋论证”表达的是假设某个人在封闭的房间里通过单纯的符号输入与输出实现对某种语言（中文）的表达，即使这个人并不理解这种语言。塞尔说：“我的输入与输出，和以中文为母语的人没有区别，但我仍然什么都不理解。”“迄今为止没有任何理由认为，我的理解与计算机程序，即与在由纯形式说明的元素上进行的计算操作有什么关系。只要程序是根据在由纯形式定义的元素上进行的计算操作来定义的，这些操作本身就同理解没有任何有意义的联系。”[②]尽管塞尔的“中文屋论证”驳斥了机器具有思维的可能，但是人类试图把自身的思维特征赋予机器的尝试一直存在。

人类将功能中的机体特性赋予机器的过程，经历了由简单功能到复杂功能的变化，如果说机器能够相对轻松地实现某些肢体器官的简

---

① 胡塞尔在《现象学的观念》（俗称《小观念》）中区分了“自然的思维态度”与“哲学的思维态度”，指出“自然的思维态度上不关心认识批判”，而哲学的思维态度就是对外界事物的反思与批判。艾德蒙德·胡塞尔. 现象学的观念. 倪梁康译. 上海：上海译文出版社，1986.

② 塞尔. 心灵、大脑与程序//博登.人工智能哲学. 刘希瑞，王汉琦译. 上海：上海译文出版社，2001：95-97.

单功能，例如手的抓举，那么试图使机器拥有思维功能的过程就显得十分复杂了，因为具有思维功能的机器只是在运行过程中体现了思维的某些特性，而不等同于机器的思维能力。人类将“精神机体”的思维功能通过技术手段赋予作为“人工机体”的机器，实际上是希望利用机器增强或者代替人的思维能力，从而使自己通过更省力的办法（操作机器）促成产出的最大化。相较于前两个阶段，人类将思维功能赋予机器的过程相对复杂和困难，并且需要具有其他功能的机器在不同环节共同配合才能实现。但是，在这一阶段中，机器中的机体特性明显加深，甚至在某些情况下难以区分人与机器（如图灵测验）。

（四）道德决策功能

由于机器功能的复杂化和智能化，它们开始承担更多的社会角色，如救援、清洁、指挥交通、太空作业、军事作战等。人类对机器的功能期许也转向了伦理道德领域，人们开始期待机器人能够进行道德判断，并且做出道德抉择。因此，人类的技术实践活动开始试图将“道德决策”（moral decision-making）功能赋予作为“人工机体”的机器，使其在运行过程中表现出类似人类的道德决策特征。

“机器伦理”（machine ethics）思想的支持者们认为，当前机器的智能化、自动化发展趋势使得我们很愿意利用它们的功能来实现某些复杂目的，特别是在极度危险或者环境恶劣的情况下，机器的优势便突显出来。但是，人类对机器的信任需要一个前提，即机器能够“负责任”地完成这些工作，这就需要机器自身具有伦理维度，能够根据实际情况进行判断，并执行“有道德的”（至少是不伤害人类的）操作[①]。迈克尔·安德森（Michael Anderson）和苏珊·安德森（Susan Anderson）设计了两种伦理建议系统，分别是基于边沁功利主义伦理学的 Jeremy 程序和基于威廉·戴维·罗斯（William David Ross）的显见义务（prima facie duties）的 W. D. 程序。这两个程序的运算方式基本相似，即通过一系列行为和相关因素的输入判

---

① Anderson M, Anderson S. Machine ethics: Creating an ethical intelligent agent. AI Magazine, 2007, (4): 15-26.

定最合适的伦理行为。

以 W. D. 程序为例，该程序的运算范式是罗斯提出的显见义务理论。罗斯提出了七个显见义务，分别是忠诚（fidelity）、补偿（reparation）、感恩（fratitude）、公正（justice）、行善（beneficence）、非犯罪（non-maleficence）、自我提升（self-improvement）。W. D. 程序提供了一个输入界面（图 5-1），需要输入行动的名称以及对以上七个因素的评估（包括非常违背、有些违背、不违背或满意、有些满意、非常满意）。输入之后，W. D. 程序开始运算这些义务的权重（对应的评分是−2、−1、0、1、2），并通过最小均方差（least mean square）计算出哪个行为的满意度最高。同时，W. D. 程序允许使用者重新设置分配系数，并且提供了关于结果的解释以及下一步的建议（图 5-1）。罗斯在提出这七个显见义务时，并未指出哪个义务是最重要的，他将决定权留给了决策者（decision-makers）的直觉。这样一来，伦理困境面临着更大的挑战，每个决策者都有自己的理由，且无法比较衡量。安德森等在设计 W. D. 程序时，采用了约翰·罗尔斯（John Rawls）的“反思平衡”（reflective equillibrium）方法，既考虑到决策者的直觉因素，又能提供一种切实有效的帮助以面对伦理困境[①]。W. D. 程序能够对不同的情境进行计算，而初始设置由决策者以自己的直觉进行比较并分配。在得出结论后，还可以调整系数分配，重新获得结果。经过多次调适之后，W. D. 程序给出的结果会更加均衡，能够帮助决策者在伦理境况中做出选择。Jeremy 程序和 W. D. 程序可以被看作是创造一种具有道德敏感性的机器的第一步，这种伦理建议系统通过分析使用者的量化输入提供相关的伦理建议，以促使决策者依据某种伦理原则衡量这些因素的权重。安德森等最后指出，其实伦理困境中的“答案”已经没有那么重要了，因为决策者小心地衡量每个因素的配置、每种可能存在的情况，已经构成了伦理学的意义。

---

① Rawls J. Outline of a decision procedure for ethics. The Philosophical Review, 1951, 60(2): 77-197.

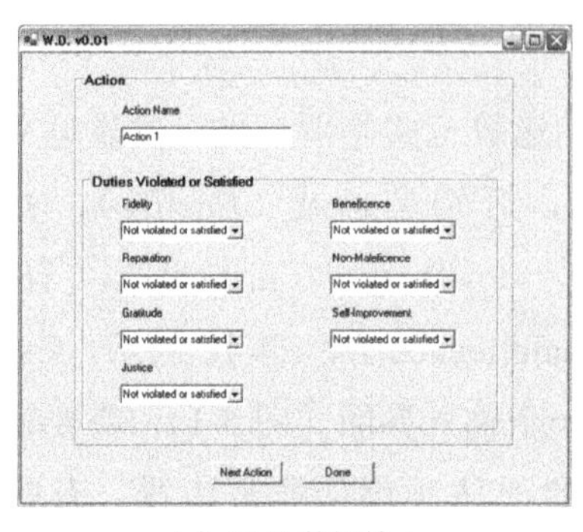

(a) W. D.数据输入

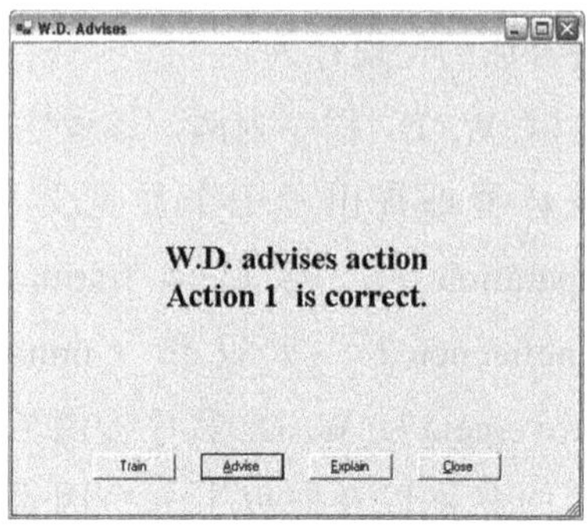

(b) W. D.建议

图 5-1 W. D. 界面

人类不断地将自身的机体特性转移到作为“人工机体”的机器之中，使机器变得越来越像“人”。按照亚里士多德的分类，有机体包括了植物特征（新陈代谢、寿命）、动物特征（行动、五种感觉）和人类特征（思考、语言表达、道德意识）。这些特征随着技术发展的步伐不断地体现在机器的运行和操作中，这既反映出机器由简单到复杂的变化规律，也反映出人类希望不断提升自身的“生机”与活力的发展过程。

二、由局部到整体的功能整合

在人类的技术实践引导下，机器的功能不仅表现出由简单到复杂的进化规律，而且表现出由局部到整体的整合特征。如果说，由简单到复杂的功能设计体现在不同的机器功能之中，那么由局部到整体的功能整合则强调了在同一个机器之中表现出更多种功能的集合。这种整合特征实际上反映了人类希望通过更少“付出”获取更大“收获”的“生机”特性。换言之，人们希望可以通过操作一个机器实现更多功能的同时运行，从而代替操作不同的机器实现相同的功能，这样操作起来就相对更便捷和省力，而且可以获得相同的或者更好的使用效果。

在马克思论述机器与工具的差别时，其中一个非常重要的观点就是机器是工具的组合，一台机器可以同时带动许多工具。马克思列举了很多例子，如“一台纺纱机同时带动几百个纱锭；一台粗梳机——几百个梳子；一台织袜机——一千多只针；一台锯木机——很多锯条；一台切碎机——几百把刀子等”[①]。人的双手和双脚限定了对工具的操作，一个人同时只能推动一个工具，只有技艺特别高超的工人才能同时推动两个工具。但是，将工具组合成为机器可以大大节约劳动力，一台纺纱机可以完成之前几百个工人的劳动总和，而只需要个别工人看管机器的运行，纠正机器运行中的偶然差错即可。由工具组合而成的机器实现了以少数工人的劳动换取以往大量工人劳动的总产量，这既是提高生产力的过程，也体现出机器在设计和制造的初始目的中蕴含着“生机”的特性。随着单个机器的发展，人类试图将多种功能整合到一条生产线之中，因为这样既节省了运输和其他成本，同时可以雇佣更少的劳动力来完成同样的劳动产出。比如，随着纺纱机的应用，为纺纱机做准备的各种梳理设备（纱锭、槽轮、梳子）、织布设备（梭子、梭心）、造纸设备（金属网线）都被相继地整合到了一起。再如，1842 年获得专利权的内史密斯的蒸汽锤，它将一定量的蒸汽导入活塞的下端，以把锤提升到需要的高度，来实现它的功能[②]。蒸汽锤的功能整合了蒸汽机的功能和锤的功能，从而使它能够被更加有效率、更加便捷地使用和操作。

从工业革命到信息革命，机器的发展突飞猛进，机器的种类纷繁多样，但是人类整合机器功能的愿望一直存在。比如，移动电话从最开始的通话功能到发送信息的功能，再到摄影功能、游戏功能、网络连接功能，以及依托网络功能的各类应用软件（APP），现在的智能电话可以实现通话联络、休闲娱乐、上网办公等多种功能。再如，汽车从最开始的代步功能发展到内置安全气囊、安全带等安全功能和收音机、空调、音响等时尚功能，再发展到安装全球定位系统（GPS）、蓝牙系统、人工语音系统等功能。移动电话和汽车的功能整合体现出了人类希望一台机器可以实现更多功能的意图，因为机器的功能整合有

① 马克思. 机器。自然力和科学的应用. 自然科学史研究所译. 北京：人民出版社，1978：90.
② 马克思. 机器。自然力和科学的应用. 自然科学史研究所译. 北京：人民出版社，1978：119-120.

利于人类减轻自身的劳动力负担，实现以更少操作获取更多功能的目的。人类希望作为“人工机体”的机器可以更多地代替人的操作，使人类可以直接享受技术的福利，比如汽车技术中相继研发了自动泊车、自动变道等功能，现在一些无人驾驶汽车也开始应用到社会生活中了。

这里再以机器人技术为例分析机器人发展过程中如何体现多种功能由局部到整体的整合，这种功能的整合也伴随着机器功能由简单到复杂的变化，因为机器人比较典型地体现了人类将肢体功能、感官功能、思维功能和道德决策功能赋予作为“人工机体”的机器的过程。我国学者蔡鹤皋将机器人技术发展总结为三个阶段：第一阶段是示教再现型机器人，第二阶段是具有感知能力的机器人，第三阶段是智能机器人和生物机器人①。

示教再现型机器人基于自动化技术的机械电子装置，可以严格按照程序做出动作。它首先由人操纵机械手臂做一遍动作或通过控制器发出指令让机械手臂做动作，然后在做动作的过程中机器人会自动将这一过程存入记忆装置。当机器人工作时，便能再现人教给它的动作，并能自动重复地执行。这类机器人不具有对外界信息的反馈能力，不能对作业环境的变化做出动作上的反应，如“尤尼梅特”（Unimate）和“沃尔萨特兰”（Versatran）就是这一类的机器人。第一阶段的机器人具有模仿人类动作的功能，主要是模拟人的手、臂等的抓举、夹持动作，能够被广泛应用在工业领域。

示教再现型机器人不具备反馈外界信息的能力，因此不能根据外界情况的变化而自动调整。因此，人类在示教再现型机器人的基础上研发出了具有感知能力的机器人。这类机器人具有力觉、听觉、视觉、温度觉等感知功能，能够感知外界环境的状况与变化，通过数据处理与识别，能够对外界环境的状况与变化做出判断和决策，并对原有的作业程序做出相应的改变，使机器人在外界环境变化的情况下仍然能很好地完成作业。以机器人的“听觉”为例，目前很多技术可以

① 蔡鹤皋. 一个机器人大发展的时代. 科学与社会，2015，5（2）：10-16.

使机器人具有“听觉”，即通过安装于机器人主体内的麦克风（“机器人耳朵”），使其在有背景噪声的普通环境中“分辨”声音。例如，机器人听觉软件 HARK[①]可以提供以下功能：①从输入到音源定位、音源分离、语音识别的综合机能；②对应机器人的各种形态；③对应多信道 A/D 装置；④提供最适当的声音处理模块；⑤对声音进行实时处理。

具有感知能力的机器人的工作原理是通过传感器将外界信息反馈到系统之中，从而根据反馈信息做出判断。这就要求机器人的系统能智能地处理反馈信息，并且有效地做出相应的判断。因此，人类开始研发能够模拟人类思维能力的智能机器人。基于人工智能研究提供的理论、方法和技术，智能机器人具有任务理解、环境理解、作业规划、路径规划、学习、推理、分析、决策等功能。例如，自主式无人直升机具有自主移动控制功能，其自主飞行控制装置由测量位置及速度的 GPS、惯性测量单元（inertial measurement unit，IMU）、测量机体方位角的磁力方位计等传感器，以及可以从这些仪器所测得的资料、目标位置、目标速度等计算出机器控制命令的中央处理器（CPU）构成[②]。具有智能系统的自主式无人直升机被赋予了类似人类思维的能力，它们能够通过目标定位和程序计算来执行自主命令。

随着智能机器人在不同领域的应用，人类试图整合智能机器人的各种功能，开始研发“人形机器人”，用来将多种功能整合到一起，具体包括以下几部分：①人形机器人的头部需要装有用以作为视觉、听觉、力觉、温度觉的传感器以及用以感应触摸、压力和温度的传感器，此外还需要装有“自动语音系统”等设备以实现语言表达和沟通的功能；②人形机器人的人工皮肤需要由具有人类皮肤特性的材料构成，因为人形机器人需要通过面部表情与人类交流和沟通，人工皮肤需要支持各种面部表情；③人形机器人的人工身体内部可以放置各种

① Nakadai K, Takahashi T, Okuno H G, et al. Design and implementation of robot audition system “HARK” — Open source software for listening to three simultaneous speakers. Advanced Robotics, 2010, 24(5-6): 739-761.

② 日本机器人学会. 科技机器人：技术变革与未来图景. 许郁文等译. 北京：人民邮电出版社，2015：74.

大型系统部件，这些部件包括充电电池以及其他能量传输的装置，目前科学家正在研发类似于人类消化系统的能量传输装置，试图使“食物”经过电化学作用可以释放能量；④人形机器人需要安装用于抓取和控制物品的手臂，实现其手部操作的功能；⑤人形机器人还需要安装用于支持身体和行走的双腿，以保持其稳定性；⑥人形机器人需要安装用于运行的各类驱动器，如电动机、气动机、超声波马达等；⑦人形机器人需要人工智能的系统作为全部的支撑，人工智能系统能为机器人提供重要的能力，包括“知识的获取、表达和推理、不确定性推理、计划、想象力、面部和特征跟踪、语言处理、地图和导航、自然语言处理以及机器学习”等[①]。“人形机器人”的研发体现了人类试图将多种功能赋予同一个机器的过程，这是机器功能整合的一种表现。

从示教再现型机器人到智能的人形机器人，这一方面反映出技术发展由简单到复杂的功能设计过程，另一方面体现出技术发展由局部到整体的功能整合过程。人类越来越希望可以通过机器人实现先前很多机器才能实现的功能，这个过程的变化实际上反映了人类希望通过机器功能的优化和整合实现以较小的投入获取更大产出的愿望，这正是机体哲学所说的“生机”特性的体现。

三、由低级到高级的功能进化

从机器的长期发展过程看，人类还试图将遗传、复制、变异、重组等生物进化特征赋予它们，使它们表现出功能中的进化特征。人类通过技术实践“选择”出适合社会应用的技术产品。随着技术手段的不断升级，人类也要不断地“选择”更适合的产品。这种“选择”的背后反映着人类需求的升级，而需求实际表达的是人类希望利用更高级的技术人工物实现更多的目的。技术人工物的发明史证明了技术人工物由简单到复杂、由低级到高级的发展趋势。这种发展趋势体现了人类的意图和需求，即不断激发人类自身“生机”与活力的需要。作为“人工机体”的机器的功能进化，实际上体现了机器之中“生机”

---

① 约瑟夫·巴-科恩，大卫·汉森. 机器人革命：即将到来的机器人时代. 潘俊译. 北京：机械工业出版社，2015：86-109.

特性的加深，而这恰恰是人类不断将进化特性赋予机器的结果。这里的“人”不是单个意义上的“个人”，而是技术发明创造过程中的所有创造者和发明者。

这里首先介绍一下乔治·巴萨拉、乔尔·莫基尔（Joel Mokyr）和罗伯特·安杰（Robert Aunger）的理论，他们从不同的角度描述了属于技术人工物领域的机器在发展过程中如何体现生物进化的特征，为我们进一步论证“人”如何将这些进化特征赋予机器的过程奠定了基础。

（一）巴萨拉的技术人工物进化理论

巴萨拉提出技术人工物进化理论的前提是“隐喻”（metaphor）和“类比”（analogy），技术进化的规律和生物进化的规律有一定的相似性，生物进化理论中的“遗传”（heritability）、“变异”（variation）和“差分适合度”（differential fitness）等特征可以用来描述技术人工物的“延续性”“多样性”“创新”等特征。技术人工物的发展具有延续性。所有的技术人工物都不是突然出现的，它们的发展是连续的，新的技术人工物是建立在对旧的技术人工物的改造之上的。很多时候，先例就存在于寻求革新的那种技术的同一领域中。

技术人工物进化中的延续性特征如同生物进化中的“遗传”，遗传性状会世代相传，同一种类的生物具有相同的遗传因子。当然，生物遗传过程中也会出现“变异”，由于基因突变或者基因重组而产生新的物种。技术人工物进化中的“变异”则体现为“创新”，“创新”是技术人工物进化过程中的重要组成部分，“创新”受到了心理因素、知识因素、社会经济因素与文化因素的影响。技术创新源于人类对当前现有技术人工物的改造需求，或者从功能上对其进行改进，或者从外观上进行修饰，或者汲取不同种类技术人工物的优势进行整合式发明，抑或仅仅为了创造出新颖有趣的物体。由技术创新产生的技术人工物并不一定完全被社会所接纳，发明与需求之间的不完全契合必然导致“选择”的过程，“有些革新被开发并吸纳进了一种文化中，而另一些相应地就被拒于门外”[1]。适合人类需求的技术人工物被不断地复制，成为新一代技术人工物被改造的先驱，而不适合人类需求的技术人工物则被历史所淘汰。巴萨拉指出，技术人工物演化过程中的“选择”与生物进化过程中的“自然选择”非常相似。但是，这种相似性只是一种类比，“自然选择”具有盲目性（blindness），而技术人工物的“选择”是人类选择的结果，“人造物变种并非是由某些关键的构成要素随机组合成的，而是一种有意识的活动过程导致的——即人类在追求某些生理的、技术的、心理的、社会的、经济的或文化的目标时使用判断力和鉴赏力的结果”[2]。在巴萨拉看来，蒸汽机的发展就体现了这种人为“选择”的过程。纽科门蒸汽机是为了从矿井里抽水而设计的，利用大气压力使蒸汽机运行，但是这种设计有个弊端，即蒸汽机的汽缸在循环中并不是恒热状态，因而这类蒸汽机的工作效率并不高。詹姆斯·瓦特（James Watt）改进纽可门蒸汽机时体现了经济目标上的选择性，将蒸汽在另一个毗邻的专用容器（冷凝器）中冷却，从而使汽缸在循环使用中保持恒热状态。瓦特还放弃使用大气压力，而是利用膨胀的蒸汽推动活塞做功，因此使蒸汽机的工作效率大大提升[3]。显然，根据巴萨拉的理论，机器的进化是基于机器核心功能的“遗传”，并且人类有选择地使新发明的机器产生“变异”，由此发明出更适合人类需求的机器。

（二）莫基尔的技术知识进化理论

经济历史学家乔尔·莫基尔提出了一种聚焦于技术知识的进化理论。莫基尔区分了关于“什么”的知识（“what” knowledge）和关于“如何”的知识（“how” knowledge），前者是“有用的知识”（useful knowledge），而后者是“技艺”（techniques）[4]。他将“有用的知识”

① 巴萨拉. 技术发展简史. 周光发译. 上海：复旦大学出版社，2002：147.

② 巴萨拉. 技术发展简史. 周光发译. 上海：复旦大学出版社，2002：148-149.

③ 巴萨拉. 技术发展简史. 周光发译. 上海：复旦大学出版社，2002：39-43.

④ Mokyr J. Induced technical innovation and medical history: An evolutionary approach. Journal of Evolutionary Economics, 1998, 8(2): 119-137；约翰·齐曼. 技术创新进化论. 孙喜杰，曾国屏译. 上海：上海科技教育出版社，2002.

类比为生物进化论中的“基因型”（genotype），而将“技艺”类比为“表型”（phenotype）。生物进化论中“基因型–表型”关系不能被简单移植到技术知识领域，因为掌握某种技艺的人未必需要知道关于这种技艺的全部知识。“技艺”的进化有着“选择”的过程，当人们使用某种技艺的时候，这种技艺会受到一系列选择标准的衡量，技艺也会因此被判定是否可以再次使用。这个过程与“自然选择”的过程相似。如果某种“技艺”可以被再次“选择”，那么意味着这种技艺被复制或被繁衍（reproduced）。生物体的“自然选择”与“技艺”的“选择”不同，前者具有盲目性，而后者是由不同的利益相关者所“选择”的。这里的利益相关者指的是人类，既可以是同一个人选择重复某种技艺，也可以是其他人基于学习或者模仿而选择这种技艺。莫基尔的理论认为，“技艺”的进化至少满足了三个生物进化理论中的关键特征，分别是“变异”“遗传”“差分适合度”。但是，相较于巴萨拉的技术人工物进化理论，莫基尔强调了“有用的知识”的“突变”（mutation）和“重组”（recombination），在这一点上，莫基尔的理论比巴萨拉的理论走得更远，但是他们二人都强调了技术的进化不是盲目的，而是基于人类的有意识行为。按照莫基尔的进化理论，机器的进化是基于其中的“有用的知识”，人类通过有意识的行为，将原有机器中的“有用的知识”挑选出来，以此为模型改良原有机器或设计新的机器。

（三）安杰的“模因”与人工物共同进化理论

人类学家罗伯特·安杰对技术进化理论的建构，是基于道金斯的“模因论”（memetics）。道金斯认为“模因”（meme）在人类文化的进化过程中起到类似基因的作用[①]。人类可以通过模仿而产生出“模因”，并由此生成人类的文化进化路径。模因论认为文化有其自身的进化机制，这种进化机制的驱动力不同于生物进化论中的“基因”，而是“模因”。“模因”能够复制和遗传文化性状，同样受“自然选择”的影响，“模因”的选择机制是无意识的，具有盲目性。安杰基于“模因

① Dawkins R. The Selfish Gene. Oxford: Oxford University Press, 1976.

论”提出了技术的进化理论，他认为技术人工物的进化是通过与“模因”交互作用而完成的。安杰提出了“模因”和人工物共同进化（coevolution）的假设，他认为这种共同进化的过程涉及“遗传的两条线路的共同作用，这两条线路以积极的方式为对方提供给养”[①]。在“模因”与人工物共同进化的过程中，人工物有时起到“表型”的作用，为“模因”的“自然选择”提供动力；有时还可以起到交互的作用，它可以是“模因”的单一模板，也可以是“模因”的复制者。人工物的不同角色决定了它们与“模因”的不同关系，但总体上人工物与“模因”是共同进化的。“模因”促进了人工物的产生，反过来，人工物能够对“模因”进行反馈，或者改变它们，甚至促成新的“模因”的产生。机器作为一种特殊类型的技术人工物，其进化更为典型地体现了与“模因”相互作用的过程。按照刘易斯·芒福德（Lewis Mumford）的理解，古埃及管理大型工程的官僚统治体制是一种“巨机器”，其精确测量性、绝对的机械秩序和强迫性源于科学计算，这其实已经具备后来的机器的基本特征[②]。这种“模因”后来出现在近代资本主义社会的“国家机器”和各种具备机器特征的商业组织中，直到18世纪工业革命后才体现为广泛的物质形态的机器体系。在安杰看来，“模因”和机器都受到“自然选择”的支配，而不受人类认知活动的支配，它们的进化和自然生物一样具有盲目性。安杰认为技术人工物在与“模因”相互作用的过程中，不仅满足了“遗传”“变异”“差分适合度”“突变”“重组”等生物进化论中的基本特征，而且体现了“盲目性”的自然选择过程[③]。这也是安杰的技术进化理论不同于巴萨拉与莫基尔的理论的根本之处。

巴萨拉、莫基尔和安杰通过隐喻的方式，分别描述了技术人工物和技术知识中的进化特征。他们的观点在一定意义上证明了作为“人工机体”的机器中蕴含着机体特性。但是，这里的深层原因其实是人

① Aunger R. The Electric Meme. New York: Free Press, 2002: 277.

② 芒福德. 技术与人的本性//吴国盛. 技术哲学经典读本. 上海：上海交通大学出版社，2008：496-506.

③ Aunger R. The Electric Meme. New York: Free Press, 2002.

类通过技术活动将生物进化特性赋予机器的结果。人类通过技术设计和技术使用“选择”更适合人类需求的机器，在不断选择的过程中促成了机器的进化。人类的选择不是盲目的，而是根据自身的意向、需要、信念等因素做出的选择。机器的进化过程有其自身的因果关系，可以用“因果解释”（causal explanation）做出说明。但是，机器的进化与作为设计者和使用者的人类的意向密不可分，因此还应当做出“意向解释”（intentional explanation）[①]。在“因果解释”与“意向解释”的共同作用之下，可以看出机器的功能进化经历了由低级到高级的变化过程。

第二节　人机关系中的意向转移

什么是意向？intention（意向）一词来自拉丁语中的 intentio，其本意是拉丁语中的“瞄准、射箭”（intendere）。这个词的含义最早可以追溯到柏拉图的《克拉底鲁篇》中所描述的弓箭隐喻，柏拉图将思想、信念比喻成弓箭，对准了某种东西，“信念要么源于追求，表示灵魂在追求知识时的进步，要么源于弓的发射”[②]，“思想更是这样”[③]。因此，意向可以被理解为思维关联世界的一种方式。细分下去，意向的存在有两种不同的方式。一种方式是关于世界的“感知”（perception）或者“认知”（knowing），主体通过思维活动与世界关联，这种存在方式的意向就是意向性。意向性表示主体通过思维活动对世界展现出的指向性、朝向性，它并不必然涉及具体的实践行动。意向的另一种存在方式是关于“意志”（volition）或者“意愿”（willing），强调主体在行动时表现出的目的，也称“意图”。作为“人工机体”的机器在功能中的机体特性是表象，其深层次原因在于人的意向活动，人类将意向活动中的机体特性赋予作为“人工机体”的机器，使其通过功能的形式表现出来，用以实现以较小的投入获取更显

① Brey P. Technological Design as an Evolutionary Process. Dordrecht: Springer, 2008: 73.
② 柏拉图. 柏拉图全集（第二卷）. 王晓朝译. 北京：人民出版社，2003：107-108.
③ 柏拉图. 柏拉图全集（第二卷）. 王晓朝译. 北京：人民出版社，2003：109.

著收益的意向目的。

目前关于功能与意向的研究主要集中于意向是否决定了功能，或者说意向是否是功能的唯一决定条件。ICE 理论认为，决定功能的要素既包括意向的要素，也包括因果作用的要素和进化的要素。意向不是决定功能的唯一要素，但功能会表征人的意向，也就是人工物功能中所蕴含的人类意图。

人类通过技术实践活动将意向中的机体特性转移到作为“人工机体”的机器之中，主要体现在三种语境中：第一种是使用语境中的意向转移，即人类在技术使用的语境中揭示出机器作为用具的意向性，这是人类有意向性地认识机器的用途和机器有意向性地自我展现的过程；第二种是设计语境中的意向转移，人类在技术设计的语境中将意向赋予作为“人工机体”的机器，使机器表现出“用作……”的意向和价值状态；第三种是解释语境中的意向转移，即人类在技术解释的语境中，将意向作为解释工具来解释作为“人工机体”的机器的“意向”活动，在这一过程中机器的“意向”是解释者赋予的意向。人类将意向特性归属于机器的设计语境、使用语境和解释语境，分别体现了意向在行动层面、认识层面和解释层面的不同内涵特征。无论哪种层面的意向解读都涉及人类的意向参与，作为“人工机体”的机器不存在完全脱离于人类意向的独立意向性。

一、使用语境中的意向转移

“使用”是人与机器打交道的最直接的方式。在使用语境中揭示机器使用的意向性问题，是探究机器“意向”归属的第一个环节，因为只有先承认机器在使用语境中存在意向性，才能继而分析机器如何被设计用来表现这种意向性。在机体哲学的研究框架中，作为“人工机体”的机器的意向性实际上是人类将自身意向活动的特征赋予机器的结果，机器所表现出来的意向性特征只体现在与人类的意向相互影响、相互介入的过程中，机器自身不具有人类意义上的意向性。

“意向性”原本是人类心理活动的特征，德国哲学家布伦塔诺将意向的活动看作区分心理现象与物理现象的根本，心理现象是关于某个东西、某种活动的表象，“只要某东西呈现于意识中，它就处于被表象的状态（Vorgestelltsein）中”①。布伦塔诺认为“这种意向性的内在是为心理现象所专有的，没有任何物理现象能表现出类似的性质。所以我们完全能够为心理现象下这样一个定义，即它们都意向性地把对象包容于自身之中”②。按照布伦塔诺的区分，心理现象是“一种能被真正知觉到的现象，因此我们还可以进一步说，它们也是唯一一种既能意向地存在又能实际地存在的现象”③。布伦塔诺对意向性理论的发展具有非常重要的时代意义，这种理论为我们解释人类的意向行为提供了理论基础和思想来源。

胡塞尔的意向性理论是建立在对布伦塔诺观点的改造与超越基础之上的，他将意向性与意识看作“主体的人本身纯粹固有的、本质的东西”④，是人的本质特征。胡塞尔认为，人与世界建立联系的方式是通过意识，“意识是一切理性和非理性、一切合法性和非法性、一切现实和虚构、一切价值和非价值、一切行动和非行动等的来源，彻头彻尾地就是‘意识’”⑤。胡塞尔指出，“‘意向的’这个定语所指称的是须被划界的体验组所具有的共同本质特征，是意向的特性，是以表象的方式或以某个类似的方式与一个对象之物发生的关系”⑥。胡塞尔关于意向性的看法被抽象为“对（of）……的意向性”。这里的“对……”有两层含义：第一层含义表示了意向主体建构“关联于”“指向于”意向对象的关联方式；第二层含义表示了意向对象“呈现于”“表象于”意向主体的关联方式。我国学者张祥龙指出，意向性表示了“在任何意识活动中都有两个侧面，一个侧面是呈现的、意指的

---

① 弗兰茨・布伦塔诺. 心理现象与物理现象的区别. 陈维刚，林国文译//倪梁康. 面对实事本身：现象学经典文选. 北京：东方出版社，2000：41.

② 弗兰茨・布伦塔诺.心理现象与物理现象的区别. 陈维刚，林国文译//倪梁康. 面对实事本身：现象学经典文选. 北京：东方出版社，2000：50.

③ 弗兰茨・布伦塔诺.心理现象与物理现象的区别. 陈维刚，林国文译//倪梁康. 面对实事本身：现象学经典文选. 北京：东方出版社，2000：54.

④ 艾德蒙德・胡塞尔. 欧洲科学的危机与超越论的现象学. 王炳文译. 北京：商务印书馆，2001：285.

⑤ 胡塞尔. 纯粹现象学通论. 李幼蒸译. 北京：商务印书馆，1995：218.

⑥ 胡塞尔. 《逻辑研究》（第二卷第一部分）. 倪梁康译. 上海：上海译文出版社，2006：445.

活动，另一个侧面是被意指的对象的层面，这两者之间有一种根本的联系。这么一种联系的结构就是意向性”[①]。“认识体验具有一种意向（intention），这属于认识体验的本质，它们意指某物，它们以这种或那种方式与对象发生关系。”[②]

在使用语境中探究人类如何将自身的意向性赋予作为“人工机体”的机器，实际上是在探究机器如何向我们呈现出它自身的意向性状态，即机器如何向我们表象出自身的被意向地认识的方式。梅洛-庞蒂以汽车为例，表达了技术人工物如何将自身的意向性状态呈现于人类的意识活动之中。他指出，“如果我有驾驶汽车的习惯，我把车子开到一条路上，我不需要比较路的宽度和车身的宽度就能知道‘我能通过’，就像我通过房门时不用比较房门的宽度和我的身体的宽度”[③]。汽车将自身能够活动的范围通过现象表现出来，以意向性的方式调整了使用者在开车过程中的行为方式。

海德格尔直接揭示了作为用具的机器在使用中的意向性。海德格尔指出，我们与世界的交往方式并非一味地进行知觉的认识，“而是操作着的、使用着的操劳”。操劳活动中与世界照面的存在者是“物”，即“人们在操劳打交道之际对之有所作为的那种东西”。他将“物”称为“用具”，“在打交道之际发现的是书写用具、缝纫用具、加工用具、交通用具、测量用具”。用具所具有的是用具性，即本质上是一种“为了作……的东西”。“在这种‘为了作’的结构中，有着从某种东西指向某种东西的指引。”[④]在海德格尔看来，用具的指引作用就是用具的“意向性”和“指向性”，用具的制作本身“就是把某某东西用来做某某东西”[⑤]。用具的意向性不仅“指向它的合用性的何所用、它的成分的何所来”，“在简单的手工业状况下，它同时还指向承用者和利用者”[⑥]。海德格尔对用具

---

① 张祥龙. 现象学导论七讲：从原著阐发原意. 北京：人民大学出版社，2010：61.

② 张祥龙. 现象学导论七讲：从原著阐发原意. 北京：人民大学出版社，2010：62.

③ 莫里斯·梅洛-庞蒂. 知觉现象学. 姜志辉译. 北京：商务印书馆，2012：189.

④ 马丁·海德格尔. 存在与时间. 陈嘉映，王庆节译. 北京：生活·读书·新知三联书店，2012：80.

⑤ 马丁·海德格尔. 存在与时间. 陈嘉映，王庆节译. 北京：生活·读书·新知三联书店，2012：82.

⑥ 马丁·海德格尔. 存在与时间. 陈嘉映，王庆节译. 北京：生活·读书·新知三联书店，2012：83.

的意向性分析包含了两层意思：第一层意思是只有在涉及用具的行动中，它们的意向性才能被发现；第二层含义则是在所有涉及用具的行动中，“使用”的意向性最隐晦地也最直接地“揭示”世界。比如钟表只有在使用之际，它的意向性才显现出来，并且“在使用当下而不显眼地上手的钟表设备之际，周围世界的自然也就共同上手了”[①]。

伊德延续了在使用情境中讨论技术意向性的方式。他首先指出，具身关系是一种特殊的使用情景（use context），技术必须“适合于”使用[②]。技术实际上是处在人与世界之间的中介位置之上的，人通过技术感知世界。使用中的技术不是中性的，而是含混了自身的意向性于使用行为的意向性之中，由此转化了使用者的知觉和自身的感受。伊德指出，使用中的技术带给使用者的具身感受是一种本质上的“放大/缩小”结构，“具身关系同时放大（或增强）和缩小（或降低）了通过这些关系所经验到的东西”[③]。这种放大/缩小、遮蔽/解蔽的具身结构实际上表达的是技术人工物的意向性融入使用者的意向性之中，调节了使用者本身的感受，形成了放大和缩小的感知。伊德直接地提出了使用情境中技术人工物所存有的“技术意向性”会影响、调节、改变人类的意向行为。从伊德的讨论中我们可以看出，机器的使用意向性不仅切实地存在着，而且在人与世界的交互过程中发挥作用。

维贝克关于“技术调节”（technological mediation）的意向性分析，关注技术人工物所具有的调节作用，尤其是在调节人类的道德行为和道德决策的问题上。技术的“调节方法”（mediation approach）使得技术人工物能够形成意向行动，因为技术建构了使用者及其环境之间的关系，而且技术的建构作用不仅仅是工具或者“中间人”，而且是作为积极的“调节者”塑造了使用者与使用环境的关系。技术在使用语境中所呈现的意向性是一种特殊类型的意向性，即意向性的物化形式（material form of intentionality）。这种特殊类型的技术意向性与人

① 马丁·海德格尔. 存在与时间. 陈嘉映，王庆节译. 北京：生活·读书·新知三联书店，2012：84.
② 唐·伊德. 技术与生活世界：从伊甸园到尘世. 韩连庆译. 北京：北京大学出版社，2012：79.
③ 唐·伊德. 技术与生活世界：从伊甸园到尘世. 韩连庆译. 北京：北京大学出版社，2012：81.

类的原发性意向性不同，也不能直接还原为使用者或者设计者的意向性，这是人与技术在交互过程中形成的复合意向性。对于机器而言，使用语境中的意向性显示了机器与人之间的交互联系，人的意向性在机器使用的过程中与机器所呈现的“意向性”相互影响，从而形成了混合意向性或复合意向性。

事实上，机器在使用语境中所呈现的意向性，正是由与之关联的人所赋予的。从机体哲学的研究范式出发，人类在使用机器的过程中自觉或者不自觉地将自身的使用意图转移到机器的使用中。机器的功能蕴含着“生机”的原理，那就是通过适当调控，使作为“人工机体”的机器表现出以较小的投入取得显著收益的过程。这种具有“生机”的功能反映了人类的“生机”意向，即人类使用机器的目的是希望可以通过简单地控制或者操作机器实现以较小的投入取得显著收益的目的。作为“人工机体”的机器在使用过程中表现出的意向性，并不是独立于人类思维活动之外的意向性，因为只有通过人类的意向活动，才能揭示机器在使用语境中的意向性。

二、设计语境中的意向转移

如果说现象学的方法为探究机器在使用语境中的意向性提供了方法论基础，那么接下来我们需要思考的问题就是人类如何将这种意向性转移到作为“人工机体”的机器之中。从直观上看，机器的设计行动是它被赋予意向的直接途径，因为设计者似乎是直接将自身的意图“写入”机器之中的。然而，无论是从设计哲学还是人工物哲学的视角看，技术人工物的设计行动都是一个复杂的过程，其中涉及各方面的因素。为了更加聚焦于作为“人工机体”的机器在设计语境中的意向分析，本书采用霍克斯和弗玛斯提出的基于“使用-计划”的设计理论，来分析机器如何在设计过程中被赋予意向。

建构“使用-计划”模式的出发点是“行动理论”。行动理论作为哲学的一个分支，是对人类行动的结构分析。在行动理论中，意向起到了非常重要的作用。在意向行动中，“计划”起到了核心的作用。美国哲学家迈克尔·E. 布拉特曼（Michael E. Bratman）认为，“计划

（plans）是与对行为的适当承诺有关的心理状态，例如我有对于 A 的计划，当且仅当我计划 A 对我是真的”[①]。从计划与意向的关系上看，“计划就是放大了的意向”[②]，计划可以阻止或者改变意向的思考方式，可以控制行为的发生，还可以为进一步的实践推理和计划提供关键的输入。利用计划来说明意向的复杂特征是布拉特曼的第一步，因为有计划的意向并不必然推导出意向行动。意向与意向行动之间还存在着复杂的联系，“决定什么被意欲的因素与决定什么被意向地做出了的因素并不是完全重合的”[③]。从意向到意向行为之间经历着信念（beliefs）和愿望（desires）的多重作用，信念和愿望背景为探讨什么类型的行为在执行某种意向的过程中被意向地做出提供了先决条件。据此，布拉特曼提出了“信念-愿望-意图”（belief-desire-intention）的相互作用关系模型，即 BDI 模型。BDI 模型用来分析信念、愿望和意图之间的数据结构和演绎推理关系，描述类似于人的智能构造（intelligent structures），“通过对意向的两面性的认识，我们便能使自己更有条件把意想（intending）状态当作我们关于智能构造的概念体系中的独特的、核心的要素”[④]。在某些计算机程序中，BDI 模型表现为信念——构成一个能动者的信息状态——被储存于一个数据库中；愿望或者目标被编程到设备中，以使它们将特定输入转化为特定输出；意图被从一整套计划或动作序列中挑选出来用以实现“被意愿的”（desired）输入—输出功能模式[⑤]。比如，由计算机程序控制的空气调节系统（Heating, Ventilation and Air Conditioning，HVAC）被设计为保持恒定的环境温度，当温度过高时，基于当前系统的功能状态，该系统选择关掉升温器或者打开制冷设备的“计划”（plans）。该“计划”由信念（关于环境温度的信息）、愿望（输入与输出的温度调节）和意图（选择关掉升温器或者选择打开制冷设备）共同组成。布拉特曼的 BDI 模型为搭建意向与行动之间的桥梁提供了理论上的可能性，他将

① Bratman M E. Intention, Plans, and Practical Reason. Cambridge: Harvard University Press, 1987: 2.
② Bratman M E. Intention, Plans, and Practical Reason. Cambridge: Harvard University Press, 1987: 29.
③ Bratman M E. Intention, Plans, and Practical Reason. Cambridge: Harvard University Press, 1987: 119.
④ Bratman M E. Intention, Plans, and Practical Reason. Cambridge: Harvard University Press, 1987: 167.
⑤ Mitcham C. Agency in Humans and in Artifacts: A Contested Discourse. Dordrecht: Springer, 2014: 14.

信念、愿望、意图的相互作用置于“计划”的框架中，从而分析计划与行动之间的关系。霍克斯与弗玛斯在行动理论的框架中，将“计划”用于描述技术人工物的使用与设计，提出了基于“使用-计划”的设计重构。“使用-计划”是将日常使用这一看似简单的动作分解为细致的行动步骤，具体步骤如下（表 5-1）①。

表 5-1　使用–计划

步骤	释义
U.1	使用者 u 打算产生某个目标状态 g，并相信它尚未获得
U.2	u 从一组可供选择的方案中选择一个使用的计划 p 来产生 g，g 涉及有关物体{x_1，x_2，…}的意向性操作
U.3	u 相信 p 有效，即执行 p 将产生 g
U.4	u 相信他的物理环境和技能有助于实现 p
U.5	u 打算执行 p 并相应付诸行动
U.6	u 将 g′ 作为 p 的结果并比较 g′ 和 g
U.7	u 考虑 g 是否产生。如果没有，u 或许决定重新执行 p，重复 U.2 这一步骤，或者放弃他的目标。如果重复了 U.2，u 或许重新考虑他期望的目标状态 g，选择另一个使用的计划，或者两者都做

注：U 代表 use-plan

“使用-计划”可以还原为关于使用的行动的计划，特别是关于使用的意向行动的计划。为了实现使用某个客体的目标，使用者有意向地根据实际情况确认目标状态和形成使用计划，通过有意向地执行使用计划来判断该计划是否能够实现既定目标。

以技术使用为出发点考察技术设计，是“使用-设计”关系的研究方法之一。这种研究方法表达了技术设计是用来传达或者建构技术使用的计划。霍克斯和弗玛斯指出，“既然使用是一个使用的计划的执行，是一系列目标导向的、经过思考的行动，有助于实现目标的自然方式是给使用者提供一个能执行的使用的计划”②，那么，这个计划就是设计

① 威伯·霍克斯，彼得·弗玛斯. 技术的功能：面向人工物的使用与设计. 刘本英译. 北京：科学出版社，2015：20.

② 威伯·霍克斯，彼得·弗玛斯. 技术的功能：面向人工物的使用与设计. 刘本英译. 北京：科学出版社，2015：24-25.

的计划，“设计者通过建构计划以达成新的或现有的目标来支持使用者”[①]。建构使用计划的活动称为“设计”，因此，“设计的计划应该针对目标而建构使用的计划，这在设计者看来是可行的，并且基于设计者对使用的物体、执行计划的主体和所处环境的信念”[②]。基于“使用-计划”的设计计划是按照如下的过程建构的（表 5-2）[③]。

表 5-2 “使用-计划”的设计

步骤		释义
确定目标	D.1	设计者 d 想要致力于实现目标状态 g
	D.2	目标调整：d 相信 g′ 最可能接近 g
	D.3	d 打算致力于实现 g′
计划建构	D.4	d 打算建构一个实现 g′ 的使用的新计划 p
	D.5	有效性：d 相信 p，包括物体{x_1，x_2，…}的意向操作，是有效的，即执行 p 将产生 g′
	D.6	竞争力：d 相信就实现 g′ 的有效性而言，p 改进了类似的使用的计划{p_1，p_2，…}，即执行 p 要比执行{p_1，p_2，…}中的任何一个来实现 g′ 都更有效
	D.7	物理支持：d 相信物体 x_1 有着理化性能{$\varphi_{1,1}$，$\varphi_{1,2}$，…}，物体 x_2 有着理化性能{$\varphi_{2,1}$，$\varphi_{2,2}$，…}，等等，这些性能使得成功执行 p 成为可能
传达	D.8	使用者：d 相信 p 将被潜在的执行者{u_1，u_2，…}执行
	D.9	目标一致性：d 相信通过执行 p 来实现 g′ 与{u_1，u_2，…}的目标{p_1，p_2，…}相容
	D.10	技能相容：d 相信{u_1，u_2，…}具备执行 p 所要求的技能，即操作{x_1，x_2，…}
	D.11	手段与目的一致：d 相信{u_1，u_2，…}将求助于执行 p 所需的辅助物品，相信{u_1，u_2，…}在执行 p 时能做辅助性的规划
	D.12	情境支持：d 相信{u_1，u_2，…}在支持执行该计划的物理情境下将执行 p
	D.13	如果 d 相信{u_1，u_2，…}和{d}不一致，他打算将 p 和他的信念基础中的相关部分传达给{u_1，u_2，…}

① 威伯·霍克斯，彼得·弗玛斯. 技术的功能：面向人工物的使用与设计. 刘本英译. 北京：科学出版社，2015：25.

② 威伯·霍克斯，彼得·弗玛斯. 技术的功能：面向人工物的使用与设计. 刘本英译. 北京：科学出版社，2015：25.

③ 威伯·霍克斯，彼得·弗玛斯. 技术的功能：面向人工物的使用与设计. 刘本英译. 北京：科学出版社，2015：25.

这里的“设计”是关于意向计划的设计，这种设计本身就是意向活动建构的过程。以“使用-计划”为蓝本描述设计的过程，是将设计细化为具体的步骤。“使用-计划”的建构有一定的基本条件，比如目标的一致性、手段与目的的一致性、信念的一致性等，这些标准为设计“使用-计划”提供了合理的先决条件。这种设计方法论的前提是承认人工物在使用语境和设计语境中的意向作用，而这种作用恰恰是人类所赋予的。在设计的过程中，设计者在“使用-计划”的基础上，通过“由设计所起作用而确定的目标选择、导向该目标的计划建构、面向其他主体而非设计者自身的计划传达”[①]这三个阶段，展示出了人类如何有意向地设计作为“人工机体”的机器，同时展示出了机器如何表现出意向行动的可能性。对机器的“使用-计划”的建构基于使用机器以实现某个既定目标，而为了实现这个目标，人类需要有意向性地设计或重构某个“使用-计划”。在这个过程中，机器展现出实现人类意向需求的目的。而且，一旦原有的机器无法满足使用者的使用需求，就需要设计新的机器并建构新的“使用-计划”。因此，无论是对机器“使用-计划”的设计，还是对机器产品本身的设计，都展示出了人类有意向地设计机器的过程，而这种设计过程则体现出机器潜在地表现了其意向行动的可能性。

在设计语境中，人类将自身意向行动的能力赋予作为“人工机体”的机器，指的是人类通过技术设计使机器表现出与人类相似的意向行动能力，这不等同于承认作为“人工机体”的机器具有与人类行动主体相同的意向能力和能动作用。机器的意向实际是人类意向的转移和延伸，机器的功能作为表象，表征的是人类意向的可能性。作为“人工机体”的机器的意向行动能力与人类的意向行动能力不同，人类在行动过程中不仅表现出意向、愿望、信念等因素，同时还表现出实践理性。人类不仅能够有意向地行动，而且能够审慎地反思自己的行动，人类可以被视为“理性能动者”（rational agents）和“道德能动者”（moral agents）。当然，随着机器之中机体特性的加深，有些高级的机器可以根据实际情

① 威伯·霍克斯，彼得·弗玛斯. 技术的功能：面向人工物的使用与设计. 刘本英译. 北京：科学出版社，2015：26.

况做出判断和选择，在某种意义上体现了意向行动的结构。这类机器存在着一定程度的能动作用，但是这类能动作用与人类的能动作用不同，因为后者是产生前者的根本原因。总的看来，作为“人工机体”的机器在设计语境中展现出了意向行动的能力，而这种意向正是人类通过细致的设计过程所赋予机器的，机器并不存在独立于人类的意向。

三、解释语境中的意向转移

“解释”是将一种意义关系从另一个世界转移到自己的世界的过程，“解释”必然伴随着主体的意向，并且通过解释的意向将解释对象的意义转移到解释主体的语境中。解释行为的主体是人类，解释的对象可以是语言、文本、图像等。技术解释包括技术知识的解释、技术行为的解释、技术人工物的解释等。在人机关系的研究框架中，机器在解释语境中的“意向”问题属于技术人工物的解释范畴。作为“人工机体”的机器是人类设计和制造的结果，它的本质是一种人造物，它的功能与结构是由人类技术实践所赋予的。对机器的功能与结构的解释揭示了人类设计和使用机器的内在意向，是将人类的意向在解释语境中转移到作为“人工机体”的机器之中的过程。

在解释语境中讨论机器的意向作用分为实在论视角与非实在论视角。实在论视角指的是将机器视为实在之物，对机器的功能展开解释和说明，从而实现传达机器功能的实际作用。非实在论视角则强调将解释意向视为一种工具，暂时不考虑机器是否为实在之物，只将其视为被解释之物，从而展开对机器的解释。实在论视角与非实在论视角都体现了人类在解释作为“人工机体”的机器的功能时如何传递自身的意向需求，使机器表现出意向作用。

（一）实在论视角的解释意向

实在论视角下的“解释”主要针对机器的操作，解读机器所体现的意向作用。伊德认为技术活动是一种特殊的解释活动，“这种活动需要一种特殊的行为和知觉模式，这种模式类似于阅读的过程”[①]。

① 唐·伊德. 技术与生活世界：从伊甸园到尘世. 韩连庆译. 北京：北京大学出版社，2012：86.

机器中所出现的“文本”（如刻度、指示牌等）表征着自身的意向作用，在传递使用信息的过程中体现出被解释的意向。伊德指出，“被指称的东西是由文本来指称的，是通过文本来指称的。现在呈现出来的是文本的‘世界’”[①]。事实上，使用者不是直接面对机器，而是面对表征机器的文本，使用者的知觉感受直面文本。文本自身带有“说明了……”的意向性，这种指向性提示了使用者如何理解该仪器。如果该文本不明确（或文本意向不明确），那么它的指示对象或者指示的世界就不能完整地呈现。这表示了在机器事故中，有一种可能性是对机器“文本”的误读。伊德曾援引美国三里岛核电站的案例，他认为核能系统只能通过仪器来观察，这导致了因对仪器的误读而产生的延迟。艾曼纽尔·穆尔尼埃（Emmaunel Mournier）对机器与文本的理解是：“机器作为工具不是我们各部分的简单的物质延伸。它是另一种秩序，是我们语言的附加物，是数学的辅助语言，是洞察、剖析和揭示事物的秘密、隐含的意图和未用的能力的方式。”[②]实在论视角中的解释行为大多以解释学方法为出发点，具体解释涉及机器的文本、数据、标识等。这种观点可以被看作“使用-计划”的传达过程，尤其是通过文本传达了使用与设计的建构过程。实在论视角中的意向解释将涉及机器的文本作为对象，在解释和传达使用功能的过程中体现了人类行动者的意向。人类的意向通过解释的环节被赋予作为“人工机体”的机器，使机器能够在技术使用、技术设计等其他环节发挥作用。

（二）非实在论视角的解释意向

非实在论视角的解释意向是将意向作为解释工具，而不去考虑如何解释对象事物本身的内在结构和属性。作为解释工具的意向是由解释者赋予被解释对象的，是主体将信念归属于被解释之物的过程。美国哲学家丹尼尔·丹尼特（Daniel Dennett）提出了“人工物解释学”（artifact hermeneutics），正是非实在论视角下意向解释的典型代表。丹

---

① 唐·伊德. 技术与生活世界：从伊甸园到尘世. 韩连庆译. 北京：北京大学出版社，2012：89.

② 唐·伊德. 技术与生活世界：从伊甸园到尘世. 韩连庆译. 北京：北京大学出版社，2012：97.

尼特的“人工物解释学”强调的是对人工物的功能解释，即人工物是用来做什么的。丹尼特认为，不考虑物体本身是什么，而只考虑我们如何描述和解释这个物体。对技术人工物的描述和解释，有三种不同的立场。第一种立场是物理立场（physical stance）。在物理立场中，我们的解释是基于特定物体的实际物理状态，而且我们的解释的形成是基于运用了任何我们所知道的关于自然规律的知识[①]。一般情况下，我们不用物理立场解释机器或者复杂系统，因为这是极困难并且没有意义的行为。物理立场一般应用于对机器或者复杂系统功能失常（malfunction）的解释，尤其是当对机器或复杂系统的预测出现问题时，而且是在其他的解释立场无法解释这种预测的情况下，物理立场可以作为最终的解释方法。

丹尼特提出的第二种立场是设计立场（design stance）。设计立场的前提是我们将被描述和被解释的实体视为被设计的实体（designed entities），该实体是以功能的方式呈现于解释者的眼前的。丹尼特指出，利用设计立场解释某些实体的行为意味着这些实体在功能上是有效的，它们可以被分解为较大的或者较小的功能组成部分，并且这些部分都具有“目的相关的或者目的论的”功能。基于设计立场的解释需要保证的是被解释实体的各部分功能的正常运行，以及由各个部分组成的被设计实体的整体功能的最优实现方式。我们一般利用设计立场解释机械物体或者技术人工物的行为，因为它们是功能的集合。丹尼特认为，设计立场的本质特征是我们的解释仅仅依赖于我们关于系统的功能设计的知识或者假设，而不考虑特定客体的内部物理构成或者化学条件[②]。设计立场适用于对简单机器或者机器部件的解释，基于机器及其部件的功能可以解释和预测机器的行为，但前提是清楚了解机器及其各部分的功能，否则无法获得准确的解释和预测。而且，设计立场的解释适合于结构相对简单的机器（比如杠杆、轮轴等机械部件，或者电风扇、搅拌机等日常用品），因为这些简单机器的功能识别起来相对容易。而对于结构比较复杂的机器，比如飞机、轮船、汽

① Dennett D. Intentional system. The Journal of Philosophy, 1971, 68(4): 87-106.
② Dennett D. Intentional system. The Journal of Philosophy, 1971, 68(4): 87-106.

车等，其内部功能相对复杂，完全地了解其中的所有功能是比较困难的，因此设计立场的预测并不适用。

第三种立场是意向立场（intentional stance）。意向立场强调的是我们解释某个实体的行为是基于以下条件：①我们假设它是一个理性能动者（a rational agent）；②该能动者具有既定目标 x、y、z；③该能动者具有限定条件 a、b、c；④该能动者掌握关于现实情况 p、q、r 的既定信息；⑤该能动者可以基于以上四个条件计算出最合理并且最合适的行为。意向立场适用于对复杂实体（如下象棋的电脑程序）的解释，因为即使是设计者也难以对复杂程序的每一个环节或者功能做出详细的分析，而意向立场可以假设该电脑程序为某个下象棋的理性对手，进而预测该程序会如何展开下一步。利用意向立场的首要前提是假设被描述实体为理性能动者，即意向系统（intentional system）。按照丹尼特的解释，意向系统意味着该系统可以使用信念、欲望、希望、担忧、意图、预感等意向性词语来描述。按照通常的理解，这些意向性词语是用来描述人的行为的，将这些意向概念用来解释技术人工物是基于人在解释过程中将解释的意向赋予了技术人工物。丹尼特据此解释道，以意向立场来解释电脑程序并不是将它视为“真正具有”（*really has*，原文斜体）信仰、欲望等的意向性能力，而是将信仰、欲望等概念“归属于”（*ascribing*，原文斜体）该系统，并借此解释和预测该系统的行为。意向立场可以用来解释和预测结构相对复杂的机器，因为解释者可以不用完全知晓复杂机器的功能与结构，而将其假设为一个意向系统，并基于这种假设解释和预测复杂机器的行为。在意向立场中，解释者通过假设某个机器具有意向行为的能力，将意向转移到机器之中，但这种意向的转移是在解释语境中实现的，并非意味着机器自身具有了意向性。

丹尼特提出的三种立场都是解释的立场，其中解释的方式是基于实体的行为而非本质，即无论该物体的本质是什么，我们都可以采取不同的立场去描述和解释该物体。但是，在实际的操作中，人们解释某些物体的时候，要根据该物体的基本特征选出适合的解释立场。比如，对订书器的功能解释最适合选择设计立场，因为作为被设计用来实现订书功能的订书器，设计立场可以轻松地描述它的设计功能。而如果想要解释一个复杂机器人的行为，那么意向立场可能是最好的选择。原则上，这三个立场都可以用来解释复杂机器人的行为，但如果选择了物理立场，那意味着需要了解全部的临界变量和机器人的物理构成以及变化规律，这种立场在机器人发生故障时用来分析故障原因是非常有效的，但对于普通的解释者而言是非常困难和没有意义的。如果选择设计立场解释机器人的行为，就需要了解该机器人的硬件功能原理和软件运行原理。在设计立场中，机器人的每一个部件的功能都应当被了解并且部件与部件的组合功能也应当被了解。在这样的前提下，如果机器人运行良好，则我们可以得到一个准确的设计立场的解释。这种解释立场适合机器人的设计者或者那些希望重新改良或重新设计机器人的人们，他们可以了解该机器人每个功能的运行方式和整体功能的实现方式。对于普通的解释者而言，采取意向立场解释机器人的行为更容易一些。我们首先假设复杂机器人为意向系统或者有理性的行动者，然后假定该机器人具有获取既定信息 p、q、r 的信念，同时假定该机器人有既定目标 x、y、z，并且假定该机器人能够依据这些条件计算出最合理且最合适的行动。解释立场的选择体现出了人类的意向性，人们如果想解释某个客体，会根据自身的情况做出判断和选择。其中的主要依据是有效性（efficiency）和准确性（accuracy）两个方面，还要考虑客体的基本特性（图 5-2）。

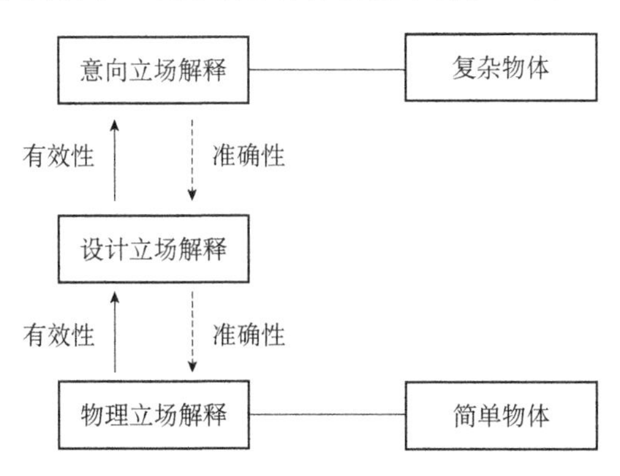

图 5-2　三种立场的实际顺序

注：虚线箭头表示准确性的变化方向，实线箭头表示有效性的变化方向

丹尼特的三种解释立场为我们解释作为“人工机体”的机器的意向提供了理论支撑，机器在解释语境中表现出的意向作用为解释者提供了立场选择的恰当方式。但是，丹尼特的三个解释立场有相互重叠和矛盾的部分，尤其是其中的设计立场。在设计立场中，机器的解释依赖于其功能，但是机器的功能本身包含着设计者和使用者的意向，这一部分容易造成含混。弗玛斯等对这一问题的解决方案是将设计立场区分为“意向的设计者立场”（an intentional designer stance）和“目的论的设计立场”（a teleological design stance）。前者指的是“实体 x 以及 x 的各个部分的功能与目的不是被视为归属于能动者 y——即对于 x 采取‘意向的设计者立场’的能动者——的价值与目标，而是 y 假设这些功能和目的是另一个能动者 z 将 z 的价值与目标分配给 x 以及 x 的各个部分”①。后者指的则是“实体 x 以及 x 的各个部分的功能与目的相应地归属于能动者 y 的价值与目标，而 y 仅是将目的论的设计立场应用于 x 的能动者”②。这样，丹尼特的三种立场可以被分解为四种立场：物理立场、意向的设计者立场、目的论的设计立场、意向立场。

无论是丹尼特提出的三种解释立场，还是弗玛斯等提出的四种立场，都是在论证人类解释机器的过程中的意向作用。非实在论视角中的意向解释是将意向作为工具，从而解释机器在使用和设计中的意向作用。非实在论视角并不关注作为“人工机体”的机器的本质，只关注如何解释和描述这些客体。而解释和描述的目的是预测客体下一步的行动意向，选择适合的立场有助于解释者对客体的行动进行合理的预测，从而把握该客体的动态。一旦预测失败，预测者就可以选择其他立场继续描述和解释客体，直到还原到物理立场，通过物理结构和性能对实际客体进行解释和描述。

技术解释环节在技术实践中具有特殊的作用，解释的意向性渗透

---

① Vermaas P E, Carrara M, Borgo S, et al. The design stance and its artefacts. Synthese, 2013, 190(6): 1131-1152.

② Vermaas P E, Carrara M, Borgo S, et al. The design stance and its artefacts. Synthese, 2013, 190(6): 1131-1152.

在设计的意向性与使用的意向性之中，而解释的意向性往往被忽视。技术解释是对技术知识、技术行为以及技术人工物的解释，解释的对象是文本、语言、图像等，这种观点体现了实在论视角下的解释活动。人类解释者在解释语境中将意向中的机体特性赋予作为“人工机体”的机器，是通过解释机器的文本、语言、图像等对象展开的，从而实现机器的设计与使用之间的传达目的。而非实在论视角下的解释意向是将解释抽象为一种工具，只解释和描述机器的现象，并且展开下一步的预测。这是一种实用主义的路线，因为解释者不必考虑机器的本质，只需要选择适当的立场展开解释活动。这种研究思路对理解机器之中蕴含的解释意向有所帮助。按照非实在论的立场，作为“人工机体”的机器自身是否具有意向并不重要，重要的是我们如何解释它们。

以意向立场解释复杂的机器，有助于把握机器的运行规律和发展趋势。当然，即使在意向立场中，机器的意向性也并非指机器具有了人类意义上的信念、欲望、意图等，而是指解释者以解释的方式将意向转移到作为“人工机体”的机器之中，在假设机器是意向系统的前提下解释和预测机器的行为。讨论被设计、被使用之物的解释路径，同样涉及人与机器之间的交互关系。技术解释环节中的意向转移过程要在人机关系的框架中加以讨论，以意向作为解释工具来解释机器的意向性，既不意味着机器在本质层面是有意向的物件，也不意味着机器的意向解释可以脱离人的解释视域。无论是在使用语境、设计语境还是解释语境中，机器的意向性都是由涉及技术行为的人类所赋予的，人类将蕴含于“精神机体”之中的意向特征赋予作为“人工机体”的机器，但机器不具备独立意义上的意向行动能力和意向作用。

第三节　人机关系中的责任转移

什么是责任？“责任”（responsibility）具有多重含义。从词源上看，responsibility 源自 response（回答、反应），即有义务为了某事回答某人。对“责任”概念的解释分为理论和实际两个层面。理论层面上，责任蕴含了两种研究范式：一种是价值导向或者动机导向，另一种是结果导向。价值导向或者动机导向中的责任强调主体行动的动机或者价值，主体采取的行动“值得”被赋予某种责任；结果导向的责任则强调主体行动的结果，主体应当为自己的行为所带来的后果负责任。实际层面上的责任主要强调的是责任标准，而不同的时代背景下有不同的责任标准。

德国哲学家汉斯·伦克（Hans Lenk）对责任进行了系统的分类，他将责任分为四个层次：①行为（结果）责任，即人们因由行为引起一定的结果和效果而承担的责任或共同责任，主要包括消极的行为因果责任、积极的预防责任、长期的行为活动与行为结果引起的一般责任以及机构行为的责任四个方面；②任务和角色责任，即不同类型的行为人承担不同的任务和角色责任，既包括履行期待的角色责任，也包括履行职业的特殊责任；③普遍的道德责任，即每个有关的人以及每种状况都应当遵守普遍的道德规则和道德法则；④法律责任，即不同的法律规定要求人们必须承担的责任[①]。承担责任是人类的行为，人之为人就在于具有承担责任的能力。然而，随着人与机器之间相互依赖、相互渗透、相互嵌入的关系的发展，人类承担责任的能力受到了机器的影响，人类行为的动机受到了机器的干扰，人类行为的结果也受到了机器的干预。这种影响的深层次原因实际上是人类通过实践活动将责任中的机体特性赋予机器的结果。人类将“社会机体”中的责任转移到作为“人工机体”的机器之中，是建立在机器的功能之上的，机器的功能意味着其角色是特定的，这种角色蕴含着一定的责任属性。当然，将责任转移到作为“人工机体”的机器之中，并不意味着机器与作为“生命机体”“精神机体”“社会机体”相耦合的人类一样，是承担责任的主体，而是表明机器基于其功能和意向表现出相应的责任属性，能够在参与人类实践的过程中体现出责任意义。

尽管责任的概念涉及多个层面，但是在人机关系的研究框架中，机器的责任主要涉及道德责任，而道德责任同时包含理论层面与实际层面，也包含着前置的道德责任与后置的道德责任。具体看来，人类

---

① 王飞. 伦克的技术伦理思想评介. 自然辩证法研究，2008，24（3）：57-63.

通过技术实践活动将道德责任的特性转移到作为“人工机体”的机器之中主要包含三个方面的可能性：一是强调机器的道德角色责任，从而证明机器蕴含道德责任的可能性；二是强调机器成为与人类互动的对象，具有间接的道德责任的可能性；三是强调承认机器具有道德属性的意义在于赋予其积极的预防责任，使其发挥特定功能，实现其应有的使用价值。

一、道德的角色责任

在当代的技术哲学理论中，有一种倾向是分析技术人工物的道德意义（moral significance）。技术人工物之所以具有道德意义，是因为它们在社会实践中扮演了相应的角色，尤其是复杂高级的机器扮演着相对重要的角色。作为“人工机体”的机器在与人类的交互过程中扮演着多种多样的角色，在涉及道德责任的问题上，可以将机器的角色总结为“道德影响角色”和“道德行为角色”两个方面。机器的道德影响角色强调机器作为一般技术人工物在实践中影响了人类的道德行为，具有道德的影响作用和协调作用；机器的道德行为角色强调机器的特殊性，特别是机器的交互行为、自主行为和适应行为，在实践中产生具体的道德行为结果并影响了人类的道德责任的分配。

（一）道德影响角色

机器的道德影响角色表示机器作为一般的技术人工物，具有影响人类社会行为的作用，它具有非中立性，人类赋予其一定的价值属性使其在道德实践中扮演一定的角色。一方面，机器可以引导和改善人类的行为，使人们有道德地做某事；另一方面，机器也影响着道德行为的结果，即使某些技术并不直接参与改变人类的道德行为，但它在一定意义上也影响着人类的行为结果。

在这方面，拉图尔的观点具有代表性。从技术人工物的道德影响出发，拉图尔首先质疑了人类道德影响的独特性。在他看来，交通指示牌、交通警察和减速带在提醒司机慢行或者限速的过程中具有相同的作用。人工物作为“暗物质”（missing masses）与人类共同构成了社会组织，人与人工物可以权重相当地展现和实施其中的道德意义和道德行为。拉图尔认为，人和人工物都可以是行动的承担者，它们都是“行动者”（agents 或 actants）[①]。进而，具有道德影响和道德意义的技术人工物承担了一定的道德角色，在人类实践中起到了影响作用。机器作为一般的技术人工物，同样具有拉图尔所说的道德意义，并影响人类的实践活动。

不同于拉图尔的“人-物”无差别论证，黛博拉·G. 约翰逊（Deborah G. Johnson）和托马斯·M. 帕沃斯（Thomas M. Powers）承认人与技术人工物之间的差别，他们从意向性与因果联系的概念入手，揭示了技术人工物在与人类的互动过程中所承担的道德责任。技术人工物具有因果有效性，它们的存在与运行对于世界而言是有意义的。同时，技术人工物是负载意向状态的，对于外在于其自身的现象，技术人工物具有导向性（directedness）。技术人工物的导向性可以用作推理解释而不仅是因果解释。比如，如果减速带和水坑都可以使一辆车减速，那么减速带的减速行为就可以被推理解释为由减速带的导向性所引起的减速功能，而水坑与车的减速行为则是因果关系。因而，减速带可以被视为具有道德影响角色的人工物，而水坑则不可以[②]。如果减速带及其他具有相同道德影响角色的技术人工物执行了道德准则，并且对道德行为对象产生了实际意义，那么就可以认为这类人工物承担了道德影响角色。

维贝克同样指出人工物可以承担道德影响角色，而且在他看来，技术人工物的道德影响作用非常明显，特别是技术人工物可以调整或者修正人类的实践活动。根据道德物化理论，一旦技术被使用，它们不仅有助于组织人类行为，也有助于表现我们的经验和感知。但是，技术的道德影响作用只有在“人-世界”的关系中才能得以体现，技术

---

① Latour B. Where Are the Missing Masses? The Sociology of a Few Mundane Artifacts. Cambridge: The MIT Press, 1992: 232.

② Johnson D G, Powers T M. Computer systems and responsibility: A normative look at technological complexity. Ethics and Information Technology, 2005, 7(2): 99-107.

人工物自身的道德影响角色则需要通过人类的实践行为得以承载。尽管技术人工物在与人类的交互中修正或者“促逼”了人类的道德行为或者道德感知，但是脱离于人类行为的道德角色是不存在的[①]。维贝克指出，技术人工物调节了人类的意向性，影响了人类的道德决策。以用于为孕妇做检查的 B 型超声诊断仪为例，维贝克指出这种机器的发明和使用影响了人类对婴儿的态度和责任。如果根据声波图判断出未出生的婴儿可能存在先天疾病，孕妇及其家人可以决定是否生下这个孩子；同样，也存在着根据声波图的检查结果做出不负责任的行为的可能性。因而，机器在影响人类做出道德决策时起到了中介的作用，承担了道德影响角色。

荷兰学者菲利普·布瑞（Philip Brey）通过分析技术人工物的道德影响作用，提出了相对于个人伦理学（individual ethics）的结构伦理学（structural ethics）。个人伦理学只关注人类行动者，而结构伦理学关注社会和物质层面（即包含人与非人因素的结构或者网络）的道德方面的考量，同时包含了这些社会和物质因素对人类行动的影响。在结构伦理学中，具有修正道德结果或影响道德行为的作用的实体被称为“道德因素”（moral factors）。道德因素可以是积极的，也可是消极的；可以是意外的，也可以是有意向的；可以是结果导向的，也可以是行为导向的[②]。机器作为道德因素的一种表现形式，影响或者修正了作为道德能动者的人的行为和行为的结果，这也是机器具有道德影响角色的体现。

以上论证围绕着机器作为技术人工物的一般特性，从机器对社会实践的道德影响出发，论证了作为“人工机体”的机器蕴含着由人类所赋予的道德角色。无论是道德因素（moral factors）、道德状态（moral status），还是道德意义（moral significance）、道德影响（moral influence），都可以用来表达机器的道德角色。作为“人工机体”的机

① Verbeek P P. Some Misunderstandings about the Moral Significance of Technology. Dordrecht: Springer, 2014: 75-88.

② Brey P. From Moral Agents to Moral Factors: The Structural Ethics Approach. Dordrecht: Springer, 2014: 137-138.

器与其他类型的“人工机体”一样，在涉及对人类行为的调节、改善、帮促等的情境中，可以成为普遍意义上的道德影响角色。

（二）道德行为角色

作为“人工机体”的机器，不仅承担着普遍意义上的道德影响角色，而且承担着道德行为角色。某些具有环境交互、智能判断、道德决策等特定功能的自动机器，不仅在人类社会生活中发挥着作用，而且能够做出行动，承担着行动者的角色。这方面的代表性观点是科林·艾伦（Colin Allen）和温德尔·瓦拉赫（Wendell Wallach）关于自动机器的敏感性与自主性的讨论，以及卢西亚诺·弗洛里迪（Luciano Floridi）和杰弗里·W. 桑德斯（Jeffrey W. Sanders）运用“抽象层次法”对自动机器的阐述。

艾伦和瓦拉赫认为，当前技术系统的复杂性要求其自身具有道德决策能力，具有这种能力的“伦理子程序”（ethical subroutines）将扩大道德能动者的范围，使其从人类主体扩展到人工智能体系，即人工物道德能动者（artificial moral agents，AMAs）[①]。人工物道德能动者是具有道德行为能力的主体，在涉及人类的道德活动中承担着道德行为角色。他们认为，人工物道德能动者的发展与自主性（autonomy）和伦理敏感性（ethical sensitivity）相关，只有高自主性与高伦理敏感性的机器才可以被看作可靠的道德能动者，或者说具有“完全的道德能动作用”（full moral agency）。那些仅通过其行为而产生道德意义的智能系统可以被视为“功能性道德”（functional morality），这既包含高自主性但低伦理敏感性的系统，也包含低自主性但高伦理敏感性的系统（图 5-3）[②]。艾伦和瓦拉赫通过自主性与伦理敏感性的高低区分了“功能性道德”与“完全的道德能动作用”，从而只将同时具有高自主性与高伦理敏感性的自动机器限定为道德能动者，承担道德行为角色。

---

① Wallach W, Allen C. Moral Machines: Teaching Robots Right from Wrong. Oxford: Oxford University Press, 2009: 4.

② Wallach W, Allen C. Moral Machines: Teaching Robots Right from Wrong. Oxford: Oxford University Press, 2009: 26.

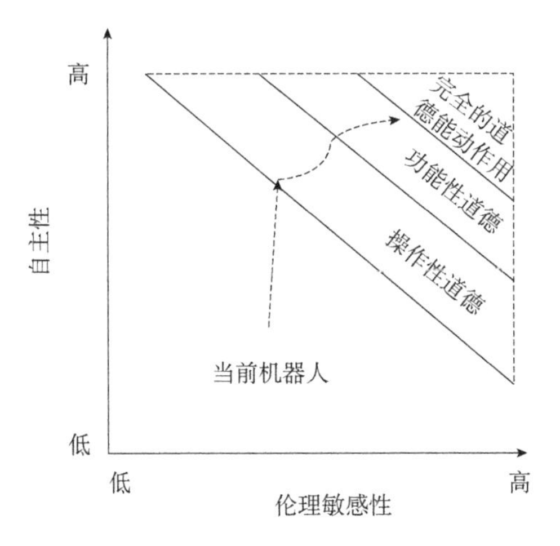

图 5-3　人工物道德能动者的两个维度

弗洛里迪和桑德斯从另外一种方式入手，通过改变“抽象等级”（levels of abstractions，LoA）来调整道德能动者的范围，以使道德能动者从能动者的范围中剥离出来，以此实现其道德行为角色。弗洛里迪和桑德斯给出了两个抽象等级——LoA_1 和 LoA_2。LoA_1 假设实体 X 是一个能动者而非道德能动者，若 X 作为环境的一部分引起了某种变化，并且对这种变化具有影响，同时与由行为对象（patient）构成的系统相对应，那么在这种抽象等级下，实体 X 既可以是人，又可以是物或者事件。对于弗洛里迪和桑德斯而言，以 LoA_1 作为判断道德行为主体的标准太过于宽泛，无法真正区别能动者与道德能动者。他们继而提出，在 LoA_1 的前提下增加交互性、自主性和适应性三个条件作为区分道德行为主体与普通行为主体的抽象等级，即 LoA_2。以 LoA_2 入手，实体 H 和 W 若同时满足以下条件，那么实体 H 和 W 都可以被视为道德能动者，体现道德能动作用：①它们能够交互性地行动，基于它们可获取的信息对新情况予以回应；②它们能够自主性地行动，因为它们可以采取不同的线路以应对这些行动，我们可以假设它们基于新的有效信息多次改变了行动路线以适应新的情况；③它们能够适应性地行动，它们并不仅仅遵从预先设定好的秩序，而是具备适应新情况的可能性以提升自身的行为。由此看来，实体 H 和 W 既可以是人，也可以是人工物能动者（artificial agent，AA），满

足 LoA_2 的人工物能动者可以被视为具有道德行为角色的技术人工物[①]。例如“深蓝”这样的高度智能化的自主系统在特定情况下，可以对已获取的信息进行回应（交互性），并且能够采取不同的路线应对这些行动（自主性），同时可能对发生的新情况采取新的行动（适应性），那么这类系统就满足 LoA_2 的条件，承担了道德行为角色。

以上论证突出了机器有别于一般技术人工物的特殊性，它们在道德情境中具有行动能力，因而承担了道德行为角色。这类机器在运行过程中体现出了较为明显的机体特性，不仅承担了普遍意义上的道德影响角色，而且承担了特殊意义上的道德行为角色。

无论是道德影响角色的论证还是道德行为角色的论证，都承认了作为“人工机体”的机器在人机关系中承担着道德角色，机器所承担的道德角色有不同的表现方式，这主要与机器自身的复杂程度有关。往往机器越复杂，其中蕴含的机体特性也就越明显，而机体特性的加深直接关系到机器的道德角色。越是复杂的机器，它们所承担的角色也就越复杂，其中涉及的道德责任问题也就越突出。

二、间接的道德责任

以往关于技术人工物的价值认识倾向于中立论，认为技术人工物仅仅作为工具而存在，技术人工物的属性和意义由使用它的人而决定。从技术中立论的视角看待技术人工物的道德问题，同样可以将人工物的道德问题归于作为使用者的人类。技术人工物自身没有任何道德属性，它们的道德意义只和使用或者设计它们的人类的道德相关。这种观点随着技术人工物的智能化发展显示出了局限性，当代社会中很多智能机器能够自主执行命令，而且在某些情况下智能机器可以做出判断和选择。鉴于此，单纯以价值无涉的态度来审视智能机器的道德属性就立不住脚了。随着机器中机体特性的明显增强，越来越多的机器表现出非中立性的价值归属，即机器表现出向善的劝导价值或者

---

① Floridi L, Sanders J W. On the morality of artificial agents. Minds and Machines, 2004, 14(3): 349-379.

作恶的可能性。因此，部分当代学者开始关注机器自身的道德归属和责任归属问题。其中一些人认为，机器表现出与人类相同的目标导向性，因此机器应当被视为与人相同的能动者或者与人类似的能动者，它们不仅能传递使用信念，而且在某种程度上引导或者协助人们实施道德行为，因而这一类机器应当为它们可能带来的行动的后果和影响负责任。

根据这种观点，我们有必要继续追问哪种行动及其影响需要承担责任，以及作为“人工机体”的机器如何承担责任等现实问题。当代机器的发展显示出了蕴含其中的越来越多的机体特性，人类在不断地赋予机器功能以机体特征的过程中，同样需要将责任中的机体特性赋予机器。但是，作为“人工机体”的机器与具有“生命机体”“精神机体”“社会机体”特征的人类存在着本质上的不同，人类可以承担直接的道德责任，具有高兴或者羞愧的心理特征。而机器目前还不具有这种道德心理，尽管它们可以扮演一定的道德影响角色或者道德行为角色，但是它们能够承担的道德责任相对有限，可以称为间接的道德责任。机器所具有的间接的道德责任是人类通过技术设计和使用等不同环节赋予的，这种间接的道德责任需要在人机关系的框架中展开研究。

并非所有的机器都具有间接的道德责任，这取决于机器的自动化和智能化程度。根据上一节的阐述，弗洛里迪和桑德斯等将具有交互性、自主性和适应性的自动机器视为人工物道德能动者，这类人工物道德能动者在道德情境中的责任问题就需要被谨慎地讨论。弗洛里迪等采取了回避的态度，将人工物道德能动者的责任问题排除掉，即不讨论这类自动机器是否承担责任的问题。但是，相对于不具有交互性、自主性和适应性的一般人工物，这类机器显示出了更多的责任属性和道德意义。当代学者贝恩德·C. 斯特尔（Bernd C. Stahl）和克里斯汀·F. R. 伊利斯（Christian F. R. Illies）等分别提出了“拟-责任”（quasi-responsibility）和“第二责任”的概念，用以讨论这类机器所具有的道德责任，这些观点为论证某些类机器具有间接的道德责任提供了思想支撑。

斯特尔认为，从能动作用的角度出发，技术人工物（以电脑为例）的责任表现为一种“拟-责任”，即在社会建构中对责任主体进行责任归因，而不考虑该主体是否满足传统的责任主体条件[①]。“拟-责任”是从社会后果出发，强调作为其责任主体的技术人工物（如电脑）可以被视为社会结构内的责任主体，它们被用来获取理想的社会结果。如果承担了“拟-责任”的技术人工物没能产生正确的社会影响，或者说在社会运行中带来了不利的社会后果，我们应该“追究”其“拟-责任”，即通过建立相应惩罚制度或者限制某些技术人工物的使用来规范它们。按照斯特尔的说法，某些机器同样具有“拟-责任”，如果使用这类机器可能导致不良的社会影响，那么就应当建立相应的制度来限制这些机器的使用。

伊利斯和安东尼·梅耶斯对责任的理解始于他们所提出的“行动图景”（action scheme）。所谓“行动图景”，指的是“在既定情境中，一个能动者或者一群能动者可以选择的全部的可能行动方案”[②]。简言之，行动图景包含了所有行动的可能性。伊利斯和梅耶斯指出，“第一责任”（first-order responsibility）是传统意义上的责任，我们关注责任者的行为及其后果，关注他们对世界或者其他人的影响，以及他们是否遵循了道德准则，等等。“第一责任”针对的是行动和行动的结果，然而“第二责任”（second-order responsibility）则强调能动者的行为对自身以及他人行动图景的改变，指的是为自己和他人的行动提供行动图景的责任。伊利斯和梅耶斯同样以超声波为例做了解释：如果一个医生利用超声波技术为孕妇提供了胎儿的超声波影像，并且根据这个影像解释胎儿的情况，那么医生在这个过程中则承担第一责任。如果父母因为这个超声波影像做了某种之前没有想过要做的新决定，那么发明这种图像设备的工程师应当承担改变了这对父母的行动图景的第二责任。伊利斯和梅耶斯总结说，第二责任并非指的是为真正所做之行动负责，而是为改变了行动图景而负责。

---

① Stahl B. Responsible computers? A case for ascribing quasi-responsibility to computers independent of personhood or agency. Ethics and Information Technology, 2006（8）：205-213.

② Illies C, Meijers A. Artefacts, Agency, and Action Schemes. Dordrecht: Springer, 2014: 125-142.

但是，无论是“拟-责任”还是“第二责任”的概念，都没有彻底解释技术人工物该如何负责任的问题。通常关于技术人工物的责任问题存在着一个很大的争议，即对技术人工物进行责任归因的意义是什么。很多人认为，我们无法惩罚或者奖励一个技术人工物，因为这类心理特征始终是人类所独有的。的确，即使我们承认人类能够通过技术实践将道德责任赋予作为“人工机体”的机器，但出现问题的时候，我们并不能惩罚或者奖励机器本身。如亚里士多德在《尼各马可伦理学》中所说的，一个人的行动应该被惩罚或者被表扬是基于这个人的自愿行为，只有基于意愿的行动才有惩罚或者表扬的意义[①]。因此，这里应该区分出直接道德责任和间接道德责任（图 5-4）。人类作为直接道德责任的承载者，能够对基于自愿的预测和决策负责，而机器作为间接道德责任的承载者，在它做出预测和决策的过程中，受到了人类使用者和设计者的意图影响，其行为的结果是多方面共同造成的。前者的意义在于明确人类在道德活动中的独特性，只有人类能动者才可以在情感层面接受责备或者表扬，而后者的行为主体不具备承担情感考量的能力，它们所承担的间接道德责任是为作为直接道德责任承担者

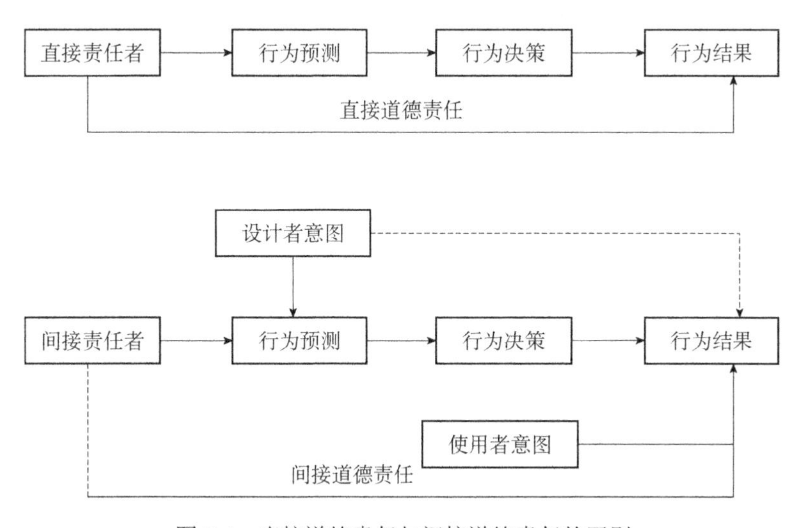

图 5-4　直接道德责任与间接道德责任的区别

① 亚里士多德. 尼各马可伦理学. 廖申白译注. 北京：商务印书馆，2003：58-59.

的人类提供责任工具或者责任手段。从目前的情况看，人类在技术实践中赋予机器的责任是间接道德责任，即作为“人工机体”的机器所承担的是从属于人类的道德责任，因为机器的设计与使用是基于人类的意向的，机器所产生的行动的结果也是基于人类的技术规定的结果，机器不是具有行动意愿、内在心理活动和道德考量的“生命机体”，而只具有间接的判断能力、决策能力和行动能力。人类不能够也不应该赋予机器以直接的道德责任，这是属于人类独特性的范畴。

三、积极的预防责任

随着功能中的机体特性、意向中的机体特性被赋予作为“人工机体”的机器，责任中的机体特性也在机器的运行中有所体现。作为“人工机体”的机器在人类的实践过程中扮演着越来越重要的道德角色，而且有些智能化和自动化程度比较高的机器也开始体现出了从属于人类责任的间接道德责任，但是我们仍然需要进一步追问这类机器所承担的间接道德责任是什么、有什么意义。从机体哲学的视角看，人与机器有着本质的不同，机器产生类人特征是因为机器中的机体特性逐渐加深。但是，机器是人造之物，与“生命机体”“精神机体”“社会机体”不同，它们不能承担与人类相同的道德责任，因为它们没有道德情感和道德心理，不能被惩罚也不能被奖励。但是，惩罚或者奖励实际上强调的是事后责任，是指对已发生的事情及其后果的追责，尽管对机器引发的事故进行事后追责有一定的意义，但是更重要的是应为机器设定一定的预防责任。如果人类能够通过技术实践赋予机器以事前的预防责任，那么就有助于合理调控社会风险，尽量避免事故的发生。

从责任发生的时间顺序看，可以分为消极责任与积极责任。消极责任是一种事后责任，强调行为主体需要解释说明其行为的动机。消极责任往往伴随着相应的惩罚，即对行为主体的行为及其带来的后果进行责罚。但是，并非所有的行为及其后果都需要惩罚，主要应满足以下四个条件：错误的行为、因果联系、可预见性以及自由选择[①]。对作为“人工机体”的机器的事后责任追究更适合于法律责任或者社会责任的讨论，比如由于机器的失误所引发的事故该如何赔偿的问题可以从法律中得到启示和借鉴。积极责任是一种前置责任，强调的是行为主体如果可以预见相应的后果并且尽可能地采取相应措施避免这种后果发生，则可以称为履行了积极的责任。积极责任一般不涉及惩罚，但是要求行为主体有积极的态度或相应的美德去处理这些事情。赋予作为“人工机体”的机器特别是智能机器以积极的预防责任，具有重要的现实意义。

要赋予作为“人工机体”的机器以积极的道德责任，首先需要明确机器在实际过程中如何涉及道德责任的问题。我们首先借用一个道德情境中的案例来说明作为“人工机体”的机器如何涉及了责任问题。让-弗朗索瓦·博纳丰（Jean-François Bonnefon）等将经典的道德困境——电车难题——与自动行驶汽车相结合，设计了自动行驶汽车可能面对的三种道德困境。情境 A：一辆载有乘客的自动行驶汽车正在行驶，前方有 10 名正在过马路的行人，而道路一侧有 1 名行人在走路，在不可避免的情况下该自动行驶汽车或者选择撞到 10 个人，或者选择撞到 1 个人，该如何选择？情境 B：一辆载有乘客的自动行驶汽车正在行驶，前方有 1 名正在过马路的行人，在不可避免的情况下该自动行驶汽车或者选择撞到该行人，或者选择撞到路边但是会导致乘客受伤，该如何选择？情境 C：一辆载有乘客的自动行驶汽车正在行驶，前方有 10 名正在过马路的行人，在不可避免的情况下该自动行驶汽车或者选择撞向这 10 个人，或者选择撞到路边但是会导致乘客受伤，该如何选择？（图 5-5）[②]根据博纳丰等的困境设计，自动行驶汽车需要做出选择，而无论哪种选择都涉及道德责任的问题。

① Van de Poel I, Royakkers L. Ethics, Technology, and Engineering: An Introduction. Hoboken: Wiley-Blackwell, 2011: 10-12.

② Bonnefon J F, Shariff A, Rahwan I. The social dilemma of autonomous vehicles. Science, 2016, 352(6293): 1573-1576.

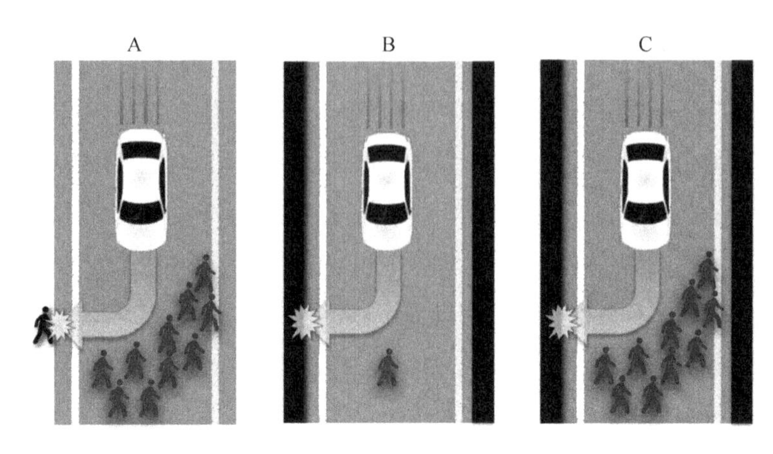

图 5-5　涉及自动行驶汽车的三种道德困境

对于这辆自动行驶汽车而言，如果追究其事后的道德责任似乎没有意义，它不会羞愧也不会后悔，因为它的行动并非出于自愿的意志而是程序的选择。因此，我们转向事前的道德责任，该自动行驶汽车的选择是基于程序的意愿，而程序的意愿是设计师或者工程师在设计的上游阶段所赋予的。在使用该自动行驶汽车的中游阶段，使用者的意愿在某些情况下也可以影响该自动行驶汽车的选择，例如本案例中如果车上的乘客紧急制动或者强制掉头，那么自动行驶汽车的选择就也会出现其他的可能性。这就要求在设计某些具有自动决策功能的机器时，设计者要有一定的道德前瞻性和道德想象力，能够尽可能地避免自动机器在面对错误的或者不清晰的指令时产生的困境。当然，任何一种技术的设计或者使用都不能避免全部的失误或者提前想到所有的可能，赋予这类机器以积极的预防责任的目的在于尽可能地避免道德困境和社会风险。一旦事故发生，要展开细致的分析，并为之后的技术设计和使用提供借鉴。

因而，在涉及机器的道德责任方面，参与程序设计的设计者、参与决策的使用者和参与行动的机器都具有承担道德责任的可能性。而这种道德责任应当是一种积极的预防责任，而非消极的事后责任。这里强调的道德责任是一种“前置”的责任，是以修正或者影响技术设计的上游环节以及技术使用的中游环节为前提的，而不是过分关注于技术事故产生后的下游环节。技术事故的责任归因同样重要，因为这涉及法律、制度、规范等多个方面，然而赋予作为“人工机体”的机器以预防责任，更加有助于负责任地设计与使用机器。

可以说，赋予作为“人工机体”的机器以积极的预防责任是有重要意义的。一方面，机器承担着道德角色，在道德责任的前置方面，我们可以通过技术设计的初始环节充分考虑承担道德行动角色的某类机器该如何被设计以及会导致哪些可能发生的道德选择困境，尽可能将道德难题转化为法律制度或者技术手段可以解决的问题，如采用价值敏感性设计（value sensitive design，VSD）、负责任创新（responsible innovation，RI）等途径。另一方面，承认机器在道德情境中的责任问题有助于提升我们对道德责任的认识。在传统意义上，承担道德责任意味着被奖励或者被惩罚，同样意味着承担主体“高兴”或者“羞愧”。的确，一旦承认了某类机器作为具体事件中的道德责任的承担方，虽然我们不能惩罚或者奖励这类机器，但是我们可以通过惩罚或者奖励这类机器的设计者和使用者，使得他们在下一次的设计与使用过程中减少或者尽量避免发生这些道德责任问题。毕竟我们赋予机器以道德责任，是为了能更好地设计或者使用作为“人工机体”的机器来为我们服务。

从机体哲学的视角出发，当代人机关系逐渐复杂与突出的原因在于人类不断地将自身的机体特性赋予机器。作为“生命机体”“社会机体”“精神机体”耦合的人类不断地将其中的功能特性、意向特性和责任特性赋予作为“人工机体”的机器。总体看来，赋予机器以责任中的机体特性，是基于机器的功能和意向表现出了机体特性。人类通过技术实践首先将功能中的机体特性赋予作为“人工机体”的机器，使其在运行过程中表现出以较小的投入获取较大产出的“生机”特点。机器的功能之所以表现出“生机”，是基于人类的精神需求，人类将“精神机体”中的意向特征赋予作为“人工机体”的机器，使其表现出实现“生机”的可能性。人类继而将“社会机体”中的责任特征转移到作为“人工机体”的机器之中，使其表现出实现社会利益最大化的社会“生机”。“功能-意向-责任”之间的关系如图 5-6 所示。

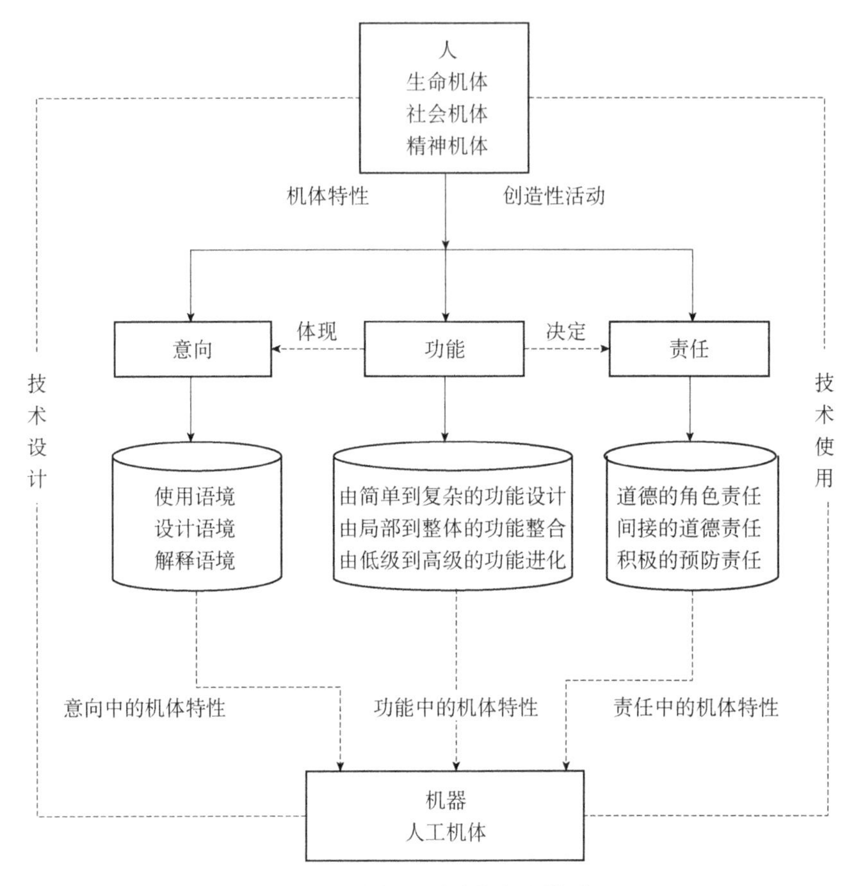

图 5-6　人机关系结构生成模型

“功能”“意向”“责任”的转移需要考虑到彼此之间的和谐。如果过多地将功能中的机体特性和意向中的机体特性赋予作为“人工机体”的机器，而不考虑机器的责任问题，那么必然会引起相应的伦理难题。同样地，如果过多地讨论机器的责任特性而不考虑它们实际具有的功能和意向，也是没有意义的。此外，人类也不应当无限制地赋予机器以机体特性，人类将“生命机体”“社会机体”“精神机体”中的机体特性赋予作为“人工机体”的机器的过程，应当充分注重彼此之间的和谐发展。如果机器被赋予了过多的功能特性、意向特性和责任特性，则会导致机器对其他类型机体的无限制取代，而这最终会挑战人类的主体性地位。

第六章　机体哲学视野中的人机关系伦理分析

随着人机关系的深入发展，人与机器之间相互渗透与相互嵌入的程度持续加深，这会引发更多的伦理危机和道德争议。因为如果不能以“生命机体”“社会机体”“精神机体”“人工机体”之间的差异和共性作为出发点，那么这四种类型的“机体”之间就会出现伦理关系的错位。而且，如果不能合理地解释作为“人工机体”的机器之中的功能、意向和责任之间的关系，过分地赋予机器以功能和意向，则会导致机器的不合理发展和不适当应用，并有可能引发人机之间的一系列伦理问题，诸如伦理风险问题、伦理决策问题、伦理能动问题等。

第一节　人机之间的伦理风险问题

随着“生命机体”“社会机体”“精神机体”“人工机体”之间的耦合程度的逐渐深入，人机之间的伦理问题也逐渐突出。其中，最为直接和明显的伦理问题就是伦理风险及其伦理接受性问题。

人机之间的伦理风险问题主要指由机器（特别是当代社会的智能机器）引发的人类社会生活和伦理道德方面的潜在危害。自技术问世以来，风险问题便如影随形。任何一项技术都存在着一定程度的风险问题。机器引发的风险指的是机器涉及的活动或决策所带来的可能的伤害，而伦理风险是风险的一个子集，强调这种潜在的伤害是关乎伦理的。除一般意义上的事故风险、隐私风险等常规风险外，人机之间的伦理风险问题主要体现在两个方面。第一，人机之间的伦理依赖性风险，分为两个层面：从机器的层面看，机器依赖于复杂的操作系统，某个细微因素的变化可能导致整个操作系统的不稳定甚至崩溃，一些黑客也有可能通过攻击操作系统的某个程序来控制智能机器从事不道德的行为；从人的层面看，对机器的过分依赖可能导致人自身的去技能化，并继而引发人类在道德情境中的去道德化。第二，人机之间的社会伦理风险。由机器引发的社会风险有多种可能性，其中涉及伦理问题的风险主要集中在就业问题及由其引发的正义问题上。机器的自动化程度越高，所需的劳动力就越少，因而自动机器的广泛应用必然伴随着失业问题，从事简单工作的劳动力会逐渐被机器取代，同时社会对设计、研发、维护自动机器的高精尖人才的需要则日益凸显。这继而引发了关于社会正义和程序正义的问题，比如是否每个人都能享受机器带来的福祉，是否会因为机器的应用导致更大的知识差距和贫富差距。概括地说，作为"人工机体"的机器在嵌入"生命机体""社会机体""精神机体"的过程中必然伴随着一定的风险，而其中的伦理风险问题更是应当慎重反思。

人机之间的伦理风险问题直接导致了人机之间的伦理接受性问题[①]。接受性（acceptance）指的是同意、赞成、接纳、承认某人或者某物（事），具有自愿的成分。伦理接受性则强调在关于道德行动的情境中主体是否自愿地同意、赞成或接纳客体的行为。据此，伦理接受性需要从伦理接受的主体、伦理接受的客体以及伦理接受的语境这三个方面分别考察。因而，人机之间的伦理接受性问题不仅体现在什么行为是伦理上可以接受的（或者拒绝的），而且体现在被谁、在哪种社会条件下、以何种情境、在何时以及因为何种原因是可以接受的（或者拒绝的）。人机之间的伦理接受主体一般指的是作为"生命机体""社会机体""精神机体"的人，因而既可以是个人，也可以是组织、团体、机构或者整个社会，可以是机器的直接使用者或间接使用者，也可以是研发者、工程师、企业人员、政府

---

① Grunwald A. Technology assessment and design for values//Jeroen van den Hoven, Pieter E. Vermaas, Ibo van de Poel. Handbook of Ethics, Values, and Technological Design: Sources, Theory, Values and Application Domains. Dordrecht: Springer, 2014: 67-86.

管理人员或者公共研究机构。人机之间的伦理接受客体一般就是作为“人工机体”的机器，以及与机器相关的标准、规范、价值等因素。伦理接受语境指的是伦理接受主体与伦理接受客体相关联的环境，并且只能在伦理接受主体与伦理接受客体的关系中考察。机器的伦理接受语境是由个人因素与社会因素共同决定的，包括个人使用者对机器的用途与价值的认知，以及不同的社会阶层对机器的社会影响的认知等。因此，对机器的伦理接受性分析可分为客体导向和主体导向两个方面，从客体导向的视角考察机器能否被接受主要涉及机器的特征、机器的发展前景和未来的潜在影响，以及与此相关的法律、保险和责任等因素。主体导向的视角主要从接受主体关于机器的评价态度和期待等方面考察机器的可接受性。客体导向与主体导向都与接受语境相关，不同语境下的接受性和接受程度是不同的，详见图 6-1[①]。

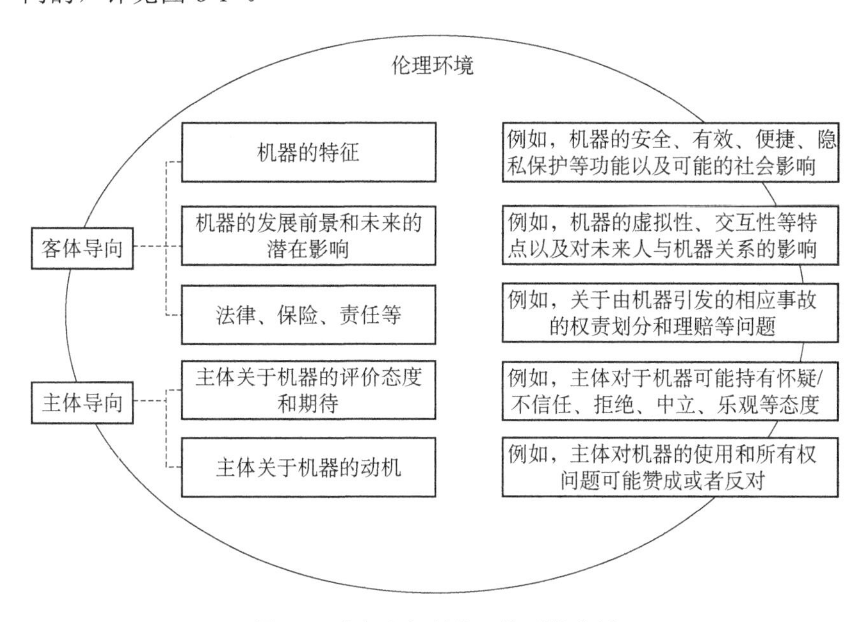

图 6-1　人机之间的伦理接受性分析

从机体哲学的视角看，作为“生命机体”“社会机体”“精神机

① Fraedrich E, Lenz B. Societal and Individual Acceptance of Autonomous Driving// M. Maurer, J. Christian Gerdes, Barbara Lenz, et al. Autonomous Driving. Berlin: Springer, 2016: 621-640.

体”的人和作为“人工机体”的机器之间的相互作用是逐渐加深的，这就使得作为“人工机体”的机器之中的机体特性也逐渐加深，而随着“人工机体”的机体特性的加深，由其引发的伦理风险和伦理接受性问题也逐渐突出，并随之引发了一系列的更加深入的伦理争议。

第二节　人机之间的伦理决策问题

“生命机体”“社会机体”“精神机体”与“人工机体”的耦合程度的加深不仅引发了普遍意义上人机之间的伦理风险和伦理接受性问题，而且进一步引发了人机之间的伦理决策及其内在的自主性问题。但是，并非所有作为“人工机体”的机器都会引起该问题，而是机体特征比较明显的机器才可能涉及这一类问题。机体特征比较明显的机器是指那些能够对既定情境展开预判并据此做出决策行动的智能机器。

什么是“伦理决策”（ethical decision-making）[①]？伦理决策指的是在伦理情境中，主体基于价值、偏好、信仰、知识等心理状态对现有可能性做出选择的行动过程。其中，对现有可能性展开分析并据此做出选择的过程可以通过数据计算的方式展现，因而涉及部分具有此功能的智能机器就可能会引发人机之间的伦理决策问题。

伦理决策难题在自动驾驶汽车中体现得比较明显。“头盔难题”（helmet dilemma）的思想实验最初由诺亚·古道尔（Noah Goodall）提出，后由帕特里克·林（Patrick Lin）发展，描述的场景如下：“一辆自动驾驶汽车正在面临一场迫在眉睫的碰撞，它只能从面前的两个目标中选择一个碰撞，一个是戴着头盔的摩托车骑手，另一个是没有戴头盔的摩托车骑手，用哪一种方式来编程该自动驾驶汽车是正确的？”[②]自动驾驶汽车的“头盔难题”很显然涉及伦理决策的

---

① 本书不特意区分伦理决策（ethical decision-making）与道德决策（moral decision-making），在普遍意义上二者可以相互替换使用。

② Goodall, N J. Ethical decision making during automated vehicle crashes. Transportation Research Record: Journal of the Transportation Research Board, 2014, 2424(1): 58-65.

问题，如果从伤害最小化的视角看，应该选择碰撞戴着头盔的摩托车骑手（戴头盔比没有戴头盔可能更安全）；如果从负责任的行为视角看，应该选择碰撞没有戴头盔的摩托车骑手（如果将戴头盔的行为视为负责任的行为的话）[①]。那么，这里就涉及谁按照什么道德原则来编程自动驾驶汽车使其在伦理情境中做出决策。从理论上讲，康德的义务论、边沁的功利主义、罗尔斯的正义论，甚至是德性伦理都可以成为道德算法的标准[②]，但是，在实际的操作过程中，这些道德标准往往展现出冲突的一面。这些冲突的根源是作为“生命机体”“社会机体”“精神机体”的人与作为“人工机体”的机器在交互过程中展现出的价值集群特征。作为“人工机体”的机器在设计、生产、使用等环节中涉及设计者、制造商、销售公司、软件生产商、政策制定者、使用者等诸多利益相关者，他们的价值重叠和价值冲突使其在伦理决策问题上难以达成统一的共识，由此引发了人机之间的伦理决策问题。

如果深究人机之间为什么会产生伦理决策的困境，那么就会发现关键在于作为“人工机体”的机器能否自主进行决策，这就涉及机器的自主性问题。哲学领域中关于自主性的讨论由来已久，autonomy（自主性）一词由希腊文中的 autos（自己）和 nomos（法律）构成[③]，起初表示城邦的自治，后被理解为一种人类的特质。斯蒂芬·达沃尔（Stephen Darwall）讨论了自主性的四种内涵，分别是“个体自主性”（personal autonomy）、“道德自主性”（moral autonomy）、“理性自主性”（rational autonomy）和“能动自主性”（agential autonomy）[④]。“个体自主性”是从个人价值和个体目标出发考虑行动的自主性，“道德自主性”则是依据道德规范和伦理准则，康德的 autonomy 实际上同时体现了这两种自主性，强调 autonomy 是依据高级（道德）律令做出

① Lin P. The robot car of tomorrow may just be programmed to hit you. https://www.wired.com/2014/05/the-robot-car-of-tomorrow-might-just-be-programmed-to-hit-you/[2014-05-06].

② 李伦，孙保学. 给人工智能一颗“良芯（良心）”——人工智能伦理研究的四个维度. 教学与研究，2018（8）：72-79.

③ 从杭青，王晓梅. 何谓 Autonomy？ 哲学研究，2013（1）：108-115.

④ Darwall S. The value of autonomy and autonomy of the will. Ethics, 2006, 116(2): 263-284.

的自我决定。因此，在很长一段时间内这两种自主性被认为是作为“生命机体”“社会机体”“精神机体”的人类所独有的。根据达沃尔的解释，“理性自主性”所依据的是主体的“最重要的理由”（weightiest reason），而“能动自主性”则依据能动者的“真正的行动”（genuine action），这二者从某种意义上说可以通过算法被赋予作为“人工机体”的机器。达沃尔对自主性的分类启示了后来的研究者，对于某些能够实现理性选择和自主行动的“人工机体”而言，如果它们满足某些既定的条件，就可以将其视为具有自主性的实体。例如，德国学者雅尼娜·索姆贝茨基（Janina Sombetzki）将交往能力、行动能力和判断能力视为自主性的先决条件[①]。若某些智能机器同时具有以上三种能力，就可以承认这类智能机器的自主性。那么这种论证是否成立？通过算法的形式表现出了达沃尔所说的理性自主性和能动自主性，是否就等于承认了机器的道德自主性？从机体哲学的视角回应这种争议的难点在于人类可以在多大程度上将自身的机体特性赋予机器。正是因为人类不能无限制地将自身的功能、意向和责任转移到机器之中，所以机器所被赋予的机体特征就应当是有限制的，在涉及伦理领域的问题上，应当十分慎重。

第三节　人机之间的伦理能动问题

在伦理行为中，伦理能动者（ethical agents）和伦理能动对象（ethical patients）是一组相对的范畴。伦理行为的发起者被视为伦理能动者，伦理行为的接受者被视为伦理能动对象。在“生命机体”“社会机体”“精神机体”“人工机体”的相互作用之下，人与机器建构了新的伦理情境并引发了新的伦理行为，这些新的伦理行为中呈现出了新的伦理争议。涉及人机之间的伦理能动问题主要包括两个方面：一是作为“人工机体”的机器能否成为伦理能动者？二是作为“人工机体”的机器能否成为伦理能动对象？

---

① Sombetzki J. Verantwortung als Begriff, Fähigkeit, Aufgabe: Eine Drei-Ebenen- Analyse. Wiesbaden: Springer, 2014: 43-62.

一、伦理能动者的扩展

随着“生命机体”“社会机体”“精神机体”与作为“人工机体”的机器之间的相互嵌入，由此构成的人机关系所引发的第一个伦理争议即作为“人工机体”的机器是不是伦理能动者或者道德能动者[①]？关于 agent 一词的译法，目前学术界并不统一。高新民等认为 agent 的本来意义是“施动者”“作用物”“可以产生作用或效应的东西”，应译成“自主体”，以便和哲学中的相近概念“主体”（subject）相区别[②]。段伟文将 agent 译为“能动者”，指能够根据其意向主动实施某种行动的实体或主动的行动者（actor）[③]。此外，agent 还有“智能体”[④]、“行为体”[⑤]等译法。本书采用“能动者”的译法，并且将相关概念 agency 译为“能动作用”，以及将人机之间关于能动者和能动作用的讨论称为“能动问题”。

那什么是能动者呢？一般认为，能动者指的是主体有能力做某事，即实施某种行动。当且仅当 X 有能力完成某项行动时，X 才能被称为能动者。而道德能动者作为能动者的一种特殊形式，还需要满足其他的条件。美国学者肯尼思·E. 荷玛（Kenneth E. Himma）对道德能动者所做的定义是：“从根本上看，道德能动作用是一个规范性概念。这一概念指明了作为具有道德能动作用的主体，其行为符合道德要求和道德准则。”[⑥]具体而言，道德行为的主体 X 可以被认为具有道德能动作用需要满足以下四个条件：①X 具有能力；②根据该能力，X 可以自由选择；③X 审慎地考虑该做什么；④在实际情况

---

① 本书不区分道德能动者（moral agents）和伦理能动者（ethical agents）的区别，将其视为同等意义的概念。

② 高新民，付东鹏. 意向性与人工智能. 北京：中国社会科学出版社，2014：389.

③ 段伟文. 机器人伦理的进路及其内涵. 科学与社会，2015，5（2）：35-45.

④ 项后军，周昌乐. 人工智能的前沿——智能体（Agent）理论及其哲理. 自然辩证法研究，2001（10）：29-33.

⑤ 姚晓娜. “Moral Agent”是“道德代理人”吗?——一个伦理学概念辨析. 道德与文明，2010（1）：148-151.

⑥ Himma K E. Artificial agency, consciousness, and the criteria for moral agency: What properties must an artificial agent have to be a moral agent? Ethics and Information Technology, 2009, 11(1): 19-29.

中，X 能够正确地理解并且应用道德规则[①]。在通常意义上，我们将人类视为标准立场中的道德能动者。人类关于对错具有思考、判断和行动的能力，能够坚持关于行动的道德标准，在道德上能够为其行为及后果负责[②]。

那么作为“人工机体”的机器是否满足道德能动者或者伦理能动者的标准呢？当代学者詹姆斯·摩尔（James Moor）根据机器中伦理因素的涉入程度，定义了五种类型的伦理能动者。第一种是标准能动者（normative agents），即任何一种可以执行任务、完成工作的“技术能动者”（technological agents）。标准能动者并不涉及伦理问题，是一种中性的技术，使用者决定了它的道德属性。第二种是具有伦理影响的能动者（ethical impact agents），该种能动者不仅执行既定任务，同时具有伦理影响，尤其是其中的积极影响使其表现出伦理的能动作用，比如卡塔尔的部分地区在骆驼竞赛中用机器牧童代替了传统的男孩，从而解放并保护了他们。前两种能动者可以说是将道德属性归于机器之外，而接下来的三种能动者则是真正意义上将伦理置入机器中。第三种是隐性伦理能动者（implicit ethical agents），即机器的行为是道德的，或者至少不能是不道德的。摩尔认为，这种意义上的伦理能动者自身能够潜在地表现伦理行为，这是因为设计师能够根据某些伦理原则来对它们进行设计，以避免出现不道德的结果，这类似于“道德物化”思想。摩尔进一步提出第四种伦理能动者，即显性伦理能动者（explicit ethical agents）。这种意义上的机器虽然不是完全独立于人的存在，但是它们可以在伦理困境中做出判断。根据摩尔的描述，它们能够识别当前的状况，筛选出当前情境中的可能行为，并且依据内置于其中的伦理机制来评估这些可能的行为，从中计算并挑选出最优的伦理抉择。第五种是完全的伦理能动者（full ethical agents），或称为自动的伦理能动者（autonomous ethical agents），即能够高度模拟

---

① Himma K E. Artificial agency, consciousness, and the criteria for moral agency: What properties must an artificial agent have to be a moral agent? Ethics and Information Technology, 2009, 11(1): 19-29.

② Brey P. From Moral Agents to Moral Factors: The Structural Ethics Approach. Dordrecht: Springer, 2014: 126.

人类思维与伦理意识，在特定情境中做出判断与选择的机器。这类机器的运行完全独立于人，是一种高度智能的机器，目前只存在于科幻电影中。比如科幻电影《机械战警》中的机器人战士，能够自动识别敌人并毫不犹豫地射击（表 6-1）。

表 6-1 不同形式的伦理能动者

能动者类型	表现	案例	机器与伦理的关系
标准能动者	伦理无涉地完成既定任务	常规计算机	伦理外在于机器
具有伦理影响的能动者	具有伦理影响（主要是积极影响）	卡塔尔的骆驼竞赛中的机器牧童	伦理外在于机器
隐性伦理能动者	机器潜在地体现道德	道德物化（减速坡）	伦理内在于机器
显性伦理能动者	机器遵循伦理原则并做出伦理判断	W. D. 程序“说真话”	伦理内在于机器（机器不独立）
完全的伦理能动者	具有人类思维意识的全自动机器	现实中不存在	伦理内在于机器（机器独立）

在传统伦理学理论中，只有具有理性和自由意志的“存在”才可以称为道德能动者，按照康德的理解，这种“存在”即人本身[①]。但是，随着作为“人工机体”的机器与其他类型“机体”之间的相互依赖、相互渗透和相互嵌入关系的发展，机器逐渐凸显出其他类型“机体”之中的机体特性，这使得机器不仅看起来越来越像人，而且其行为模型和运行规律都与人非常相似。这就导致了在某些研究者看来，作为“人工机体”的机器也可以是伦理能动者或者道德能动者。

然而，这种试图将机器视为与人相同或者与人相似的道德能动者的做法，是非常危险的，因为人类将道德层面的机体特性赋予机器使之成为与人相同的道德能动者，就需要对机器所能够扮演的角色和所能够承担的责任做出明确的说明。诚如第五章第三节所论证的，目前某些智能的机器可以承担间接的道德责任，这是相对于人类的直接的道德责任而言的，因而机器与人不同，无论多么先进的机器都不能独

① 伊曼努尔·康德. 道德形而上学原理. 苗力田译. 上海：上海人民出版社，2005.

立地进行道德考量和判断，它们不能独立于人类而独自承担责任，因此它们不满足道德能动者的标准立场。

但是，随着技术人工物中机体特征的逐渐凸显，智能机器似乎相较于普通的技术人工物而言带来了更多的伦理争议和道德拷问。尽管本书不赞同将机体特征较为明显的机器视为与人相同或者与人相似的道德能动者，但是认为这类机器在当前的社会实践中确实表现出了较为明显的道德能动作用。具体而言，具有道德能动作用的机器需满足至少四个条件：①该机器在道德实践中具有行动的意向性；②该机器能够自主地对不同的道德情况做出预测和判断；③该机器在某些情况下可以基于自身的预测而做出采取行动的决策；④该机器对基于道德决策而产生的后果承担道德角色责任。

作为"人工机体"的机器之中的机体程度不断加深，并逐渐表现出道德能动作用，这意味着作为"人工机体"的机器在与"生命机体""社会机体""精神机体"的交互过程中承担着一定的道德角色及其间接责任。但是，无论作为"人工机体"的机器表现出了何种程度的机体特性，它们都不能也不应该被等同于与人相同的道德能动者，因为它们不能够脱离人的技术语境而单独存在。因而，试图将伦理能动者扩展至人工物领域的尝试，是一种伦理关系的错位。

二、伦理能动对象的转变

在"生命机体""社会机体""精神机体"和作为"人工机体"的机器的相互作用之下，当代人机关系出现了新的变化和新的问题。这不仅引发了作为"人工机体"的机器是不是伦理能动者的争议，而且引发了机器是不是伦理能动对象的争议。

所谓"伦理能动对象"或"道德能动对象"（moral patients）[①]，是伦理能动者或道德能动者的作用对象。弗洛里迪指出，"如果我们还原到最简单的逻辑结构，任何一个行动，无论其是否负载道德，都是

① 本书同样不区分"伦理能动对象"与"道德能动对象"，它们对应的是伦理学和道德哲学的不同用法，具有相同的含义。

能动者（agents）与其对象（patients）的二元关系”[1]。在伦理学中，伦理能动者表示伦理行为的发起者，而伦理能动对象则表示伦理行为的接受者。伦理能动者与伦理能动对象是两个相关概念，因为伦理能动者所发起的伦理行为指向的是该行为的对象，即伦理能动对象。伦理学家长久以来的争论都围绕着“谁”或者“什么”可以成为伦理能动者和伦理能动对象而展开。正如雅克·德里达（Jacques Derrida）所指出的，看上去毫不起眼的两个词——“谁”（who）和“什么”（what）——却大不相同[2]。

尽管我们否认了将机器视为道德能动者——“谁”，但是我们仍然需要讨论是否可以将机器视为道德能动对象——“什么”。随着社会的不断发展与人类观念的解放，人类同时作为道德能动者和道德能动对象的观点被普遍接受。然而，伴随着动物伦理学、环境伦理学、生态伦理学等思想的兴起，道德能动对象的概念被不断地扩展，思想家逐渐开始讨论人的道德行为的对象是否只能是人。以彼得·辛格（Peter Singer）、汤姆·雷根（Tom Regan）为代表的动物伦理学家主张将动物权利纳入伦理学的范畴。雷根明确地提出动物应当被视为道德能动对象，因为“它们会带来痛苦或者死亡”，因此道德能动者“应当尽力阻止这种伤害”[3]。以霍尔姆斯·罗尔斯顿（Holmes Rolston）为代表的生态伦理学或自然伦理学强调赋予自然、环境等非人类因素以一定的道德地位，人类保护自然不应该仅是为了自身的生存，而应将其视为具有一定道德意义的对象，吸纳其为道德共同体的成员。如果再进一步，那么不仅应该将动物、环境、自然等非人因素视为道德能动对象，而且也应该将技术人工物、技术系统等技术因素视为考虑与关怀的道德对象。拉图尔用“行动者”的概念打破了人与非人因素之间的距离，使非人的“物”有可能成为道德对象。他指出，“我使用actor、agent或actant，并不对它们可能是谁和它们有什么特征做任何

① Floridi L. The Ethics of Information. Oxford: Oxford University Press, 2013: 61.

② Derrida J. Paper Machine. Palo Alto: Stanford University Press, 2005: 80.

③ Regan T. The Case for Animal Rights. London: Routledge, 2003: 17.

假设，它们可以是任何东西”[①]。道德能动对象由人到动物再到人工物的发展，必然会引起关于是否应当将作为“人工机体”的机器视为道德能动对象的争议。

当代信息伦理学家大卫·列维（David Levy）提议将机器人视为道德能动对象，同时提议应当合乎道德地对待机器人。列维指出，传统机器人学和机器人伦理研究的中心议题是机器人的行为对人类产生的影响和改变，核心的问题是“为了这样或那样的目的而发明和使用机器人是不是合乎道德的”。然而，这个问题忽视了另外一种重要的观点，即“以这样或者那样的方式对待机器人是不是合乎道德的”[②]。列维承认，以“意识”（consciousness）作为标准划分某人或某物是否需要被合乎伦理地对待是有意义的。因此，他认为只有被编程为具有“人工意识”（artificial consciousness）的机器才应当被合乎伦理地对待，而是否具有“人工意识”可以通过某些方式进行测验。另外一种相似的观点是由罗伯特·斯巴洛（Robert Sparrow）提出的。斯巴洛认为，“一旦人工智能系统开始拥有意识（consciousness）、欲望（desires）和计划（projects），它们似乎就应当被赋予某些道德地位（moral standing）”[③]。斯巴洛在此基础上指出，判断人工智能系统具有道德地位的基准应当是通过某些测试，如图灵测试。以往图灵测验的标准是判断是否可以将某个机器视为与人相同的道德能动者，然而斯巴洛在图灵测试的基础上，提议考虑“一台电脑在什么时候可以在道德困境中担负人类的角色”的判断，即“图灵分类测验”（Turing triage text）。然而，无论是列维的“人工意识”判断标准还是斯巴洛的“道德角色”判断标准，都表示着某些具有类似于人类道德特征的机器可以被视为道德能动对象。

但是，将作为“人工机体”的机器视为道德能动对象的看法，仍然需要进一步论证。因为，道德能动对象与道德能动者是在同一个范

---

① Latour B. The Pasteurization of France. Cambridge: Havard University Press, 1988: 252.

② Levy D. The ethical treatment of artificially conscious robots. International Journal of Social Robotics, 2009, 1(3): 209-216.

③ Sparrow R. The Turing triage text. Ethics and Information Technology, 2004, 6(4): 203-213.

畴内进行考虑的，这两个概念有着必然的联系。那么，将机器视为道德能动对象的意义是什么？我们合乎道德地对待机器的目的是什么？实际上，无论是将机器视为道德能动者，还是将机器视为道德能动对象，都强调具有机体特征的机器在道德行为中扮演着相应的道德角色，承认机器具有道德能动作用。随着机器中机体特性的加深，机器的道德能动作用也在加深。机器的道德能动作用加深的意义在于机器在道德决策中所扮演的角色越来越重要，机器所承担的道德影响作用越来越重要，而机器的道德角色和道德影响的重要程度在某些情况中改变了人与人之间的伦理关系。

在传统伦理学中，人与人之间的伦理关系基本上是无涉技术的。人与人之间的伦理关系和道德行为方式是双向直接的，即“人↔人”。作为道德能动者和道德能动对象，人与人之间直接产生道德影响，其伦理价值体现在人类自身之中。传统技术伦理学的兴起，将技术的问题引入“人↔人”的伦理模式中。但是，传统技术伦理学所关注的人与技术之间的伦理问题集中在如何评价技术对人类行为的影响，以及由此产生的伦理道德问题上。这种道德关系体现为“技术→（人↔人）”，即技术影响了人与人之间的道德行为方式。随着机器中机体特性的加深以及机器道德能动作用的凸显，机器以内嵌于人的身体或融合到人类社会的方式，重构了人与人之间的道德关系。人与机器的相互嵌入式发展模式产生了“人↔机器↔人”、“（人↔机器）↔人”或者“（人↔机器）↔（人↔机器）”的伦理关系。或是作为中介环节的机器作为单独的中介元素，架构起伦理行为主体与伦理行为对象之间的桥梁；或是作为中介环节的机器与作为伦理行为主体的“人”耦合，共同面向伦理行为对象；或是人与机器的耦合物作为伦理行为主体，将另外的人与机器的耦合物作为伦理行为对象。在这几种情况中，机器都不是作为单纯的外界因素“影响着”人与人之间的道德关系，而是直接“参与着”人与人之间的道德关系。

因此，与其说将作为“人工机体”的机器视为道德能动者或道德能动对象，不如说机器具有道德能动作用，而机器的道德能动作用既体现在影响和修正了作为道德能动者的人如何实施道德行为上，又体现在干预或者改变了同样作为道德能动对象的人如何接收道德行为上。作为“人工机体”的机器不是独立地成为道德关系两端的道德能动者与道德能动对象，而是处于中间的环节，影响了道德能动者和道德能动对象彼此之间的交互活动。

第四节　伦理学根基面临的新挑战

无论是将机器视为伦理能动者的尝试，还是将机器视为伦理能动对象的努力，都具有不同程度的以计算的方式赋予作为“人工机体”的机器以伦理属性的倾向，比如要赋予智能机器以道德属性，就必须通过数字化、符号化和信息化的途径。这从根本上挑战了伦理学的根基，即能否以计算的方式表现伦理道德。将“生命机体”“社会机体”“精神机体”之中的机体特性赋予作为“人工机体”的机器的过程，彰显着将生命行为和社会行为数字化、符号化、规则化的特征。赋予作为“人工机体”的机器以伦理准则的本质，是将伦理转换为程序、指令、符号，以此来实现伦理表达。因此，试图将人类独有的道德行为转变为机器的道德判断与决策，必然需要将道德行为以数字和符号的方式表征出来。这种方式给传统伦理学带来的最根本的挑战是将伦理行为数字化、符号化和信息化，从而认可了伦理的可计算性。

将人类的道德行为转换为可以计算的数字，这是对伦理可计算性的一种认可。计算主义者认为，可以把人类心智理解为计算，依据规则对形式结构的加工，即从输入到输出的一种映射或函数[①]，是一种符号转换行为。在他们看来，人的思维与心智都是受规则控制的，因此可以用计算术语进行解释，也可以由计算机的纯形式转化的方式加以实现。按照计算主义的理解，作为人类心智活动的主要环节，伦理反思也可以通过数值输入与输出的程序方式展现出来。但是，经由计

① 高新民，付东鹏. 意向性与人工智能. 北京：中国社会科学出版社，2014：83.

算方式展现出的伦理道德是否具有合理性？换言之，伦理道德是否可以计算？

伦理道德是否可以计算这一根本矛盾，不仅是当代人机关系中伦理问题的焦点，也是伦理学的根本问题。功利主义伦理学家在一定程度上认为伦理是可以计算的，因为善就是大多数人的最大利益。康德的义务论反对这种以结果为导向的伦理学，强调“人是目的而不是手段”。功利主义伦理学和义务论伦理学的矛盾同样在于伦理是否可以计算，这方面的争议至今仍无法得出一个确切的结论，但是试图将伦理道德以计算的方式呈现出来的努力一直都在继续。赋予作为“人工机体”的机器以道德行为能力，实际上是试图以计算的方式将伦理学的内容表达出来，借由机器的行为承认伦理的可计算性，可以说是功利主义与计算主义的当代结合。

这种方式有其可取之处，我们可以利用机器的计算和储存优势，将伦理学家已经认同的一种或多种伦理原则，以及伦理决策案例通过计算和提取的方式为使用者展现出一些可供参考的伦理范例。但是，对伦理可计算性的承认会引发更深层次的讨论，因为尽管机器可以计算表征伦理道德行为的数字与符号，但它们无法理解道德行为和道德意向。将伦理计算化意味着将道德行为转化为数字符号，用道义逻辑、认知逻辑和行为逻辑等计算手段，论证伦理行为的数字化和符号化。这一观点忽视了人的主观能动性，容易引发人在本体论、认识论和价值论等层面的质疑，因为作为“人工机体”的机器只是人类的帮辅者而非替代者，它们为作为决策者的人类提供一种伦理建议，最终的决策还应当由人来完成，人在伦理情境中平衡各类因素，并最终做出符合伦理道德的行为。

从机体哲学的视角出发，人类不断地将“生命机体”“社会机体”“精神机体”之中的机体特性赋予作为“人工机体”的机器，当中必然伴随着将机体特性数字化、符号化和计算化的过程，因为作为“人工机体”的智能机器本质上是一种计算设备，通过数值计算和逻辑推演而运行。当人类试图赋予机器以伦理道德能力之时，就会引发对伦理学是否可以计算的根本质疑。承认机器的道德能动作用，并非承认伦理计算性的合理性，而是强调可以通过设计一定的程序，使作为“人工机体”的机器在道德情境中为人类决策者提供辅助和建议，但是机器的伦理计算程序并不等同于这类机器的伦理道德地位。因此，我们可以妥善地研发和使用具有道德能动作用的机器，但是作为具有道德良知和道德情感的人类才是具有合理性的道德能动者。

第七章 机体哲学视野中的人机关系发展趋势

人与机器的频繁互动和紧密渗透导致了当代人机关系的种种矛盾，尤其是引发了一系列有争议的伦理问题。这种矛盾的根源在于机器之中逐渐凸显的机体特性，而机器中的机体特性正是由人类的技术实践和社会活动所赋予的。人类通过技术设计、技术制造和技术使用等不同环节，将人类自身的功能、意向和责任之中的机体特性赋予作为“人工机体”的机器，使得机器表现得越来越像人，由此引发了一系列的哲学争论和伦理学诘难。然而，正如本书第一章所提出的问题，人类将“生命机体”“社会机体”“精神机体”之中的机体特性赋予作为“人工机体”的机器的过程是否可以无限制地发展？如果说作为“人工机体”的机器取代“生命机体”“社会机体”“精神机体”的趋势不是无限制的，那么其合理边界在哪里？作为“人工机体”的机器取代其他类型“机体”的技术发展，还需要哪些约束条件？这些问题触及当代人机关系的根本，需要谨慎地回答。从机体哲学视角解读当前人机关系中的这些棘手问题，可以展现一种新的思路。这种思路主要体现为注重“生命机体”“社会机体”“精神机体”和作为“人工机体”的机器之间的协调发展与动态稳定关系。

第一节 “人工机体”与“生命机体”的协调

机器作为“人工机体”，它的发展首先需要和“生命机体”相协调，机器的设计和使用不能以损害“生命机体”的内在价值为代价。不同于以怀特海为代表的西方机体哲学思想，以“生机”为逻辑起点的机体哲学认为“人工机体”与“生命机体”存在着本质的差异。这种差异性决定了作为“人工机体”的机器不能彻底取代“生命机体”，只能在承认“生命机体”独特性的前提下与之协调发展。

“生命机体”的第一种特质体现为质料与形式的生命关系。在亚里士多德看来，质料是指“是所从出的东西”，即“事物由之生成并继续存留于其中的东西”；形式是指“是其所是的东西”，即“事物之所以成为该事物的本质”①。质料是基础，而形式是本质，事物的发展过程都是由质料到形式的不断进步。汉斯·约纳斯从机体哲学视角提出了一种崭新的观点：形式形成本质，而质料成为偶然。约纳斯认为，在无生命领域内，形式仅仅是一种变化的持久质料的复合状态，是一种偶然。因而，从具有固定特征的变化质料点入手，因为每一时刻都能记录这些质料，所以活的形式（living form）仅仅是其自身运动中的一个此时此刻的存在，其表象的统一性也仅仅是其多样性的一种流动的、结构性的状态。然而，从具有动态特性的活的形式入手，则得出相反结论：变化的质料是作为其持续特性的某些状态，这些特性的多样性标志着实际统一体的范围。因此，与其说活的形式是质料的暂时范围，不如说在连续过程中的质料是活的形式自我持续的暂时状态。因此，“生命机体”表现出的第一种特质是基于质料的可变化性与形式的可接纳性之间的和谐。“生命机体”被视为“新陈代谢系统”（metabolizing system），就意味着系统自身完全地、持续地作为新陈代谢活动的结果和动因。“生命机体”的质料只有在不断变化的过程中才能彰显其生命的意义，而作为“人工机体”的机器的质料即使是停止状态，也仍然保持结构的同一性。我们将“生命机体”的形式赋予作为“人工机体”的机器，使机器表现出“新陈代谢”的“生机”和“活力”。但是，从根本上看，机器不具有形式与质料相统一的“自我持续”（self-continuation）模式。

“生命机体”表现出的第二种特质是情感的独特性。随着当代信息技术的发展，部分机器被描述为有感知的、负责任的、可适应的、有

① 张志伟. 西方哲学史. 北京：中国人民大学出版社，2002：115.

目的的、记忆力好的、会学习的、可以制定决策的、智能的甚至是有感情的存在物。相反，基于控制论和系统论的发展，“生命机体”则被描述为反馈机制、通信系统和计算机器。但是，这类描述都是基于隐喻的方式。作为非生命实体的机器不可能在真正意义上拥有人的情感，也不可能使其成为驱动自身发展的内在动力。而且，人类情感中最为独特的想象力，也成为人与环境交互中不能被复制和模仿的主要特征。想象力的交互存在于感知的扩张中，并作为一种抽象的、精神的、操纵自如的“相”（eidos）介入感觉和实际客体中。有想象能力和语言能力的人类可以利用抽象的想象为认识客体提供经验材料，而这种想象能力则是机器所不具有的。

“生命机体”表现出的第三种特质是内在的目的性。“生命机体”的内在目的是其本质，这种内在目的就体现为其自我保存、自我延续的机体本能。“生命机体”的行为是被内在目的所控制的，这种内在目的体现为一种需要。“生命机体”是需要的产物，“生命机体”具有需要，并且按照需要行动。这种需要有两个根基，一个是基于“生命机体”通过新陈代谢过程而进行连续的自我更新的需要，另一个是基于“生命机体”自我持续的基本愿望。这种所有生命的基本的自我保存，绑定了需要与意愿，并且证明了“生命机体”的全部情感，如忍受饥饿的痛苦、对激情的追逐、战争中的愤怒、爱情的吸引等。然而，机器作为“人工机体”的“有目的的行为”（purposeful behavior）是一种外在的目的。现代控制论中的“行为”是一种主体性行为，是关于其环境的变化。“有目的的行为”是“主动行为”（active behavior）的一个分支。这种目的性被理解为直接获得某种目标，如一个终极条件（a final condition），即行为对象在时空中获得了关于其他客体或事件的明确关系（definite correlation）[①]。可见，机器的外在目的与“生命机体”的内在目的有着本质的差异，正是“生命机体”的有目的的“努力”（effort）使其与作为“人工机体”的机器的行为区别开来。

---

① Jonas H. The Phenomenon of Life: Toward a Philosophical Biology. New York: Harper & Row, 1996: 80.

“生命机体”的特质决定了当代人机关系的合理边界，机器的发展不应当以取代“生命机体”的特质为前提和代价，“人工机体”和“生命机体”应当协调地共同发展。生命质料的自由性、生命情感的独特性和生命的内在目的性作为“生命机体”的特质，应当被保留在人的可控范围内，而不应该被机器所取代。机器的发展应当适应“生命机体”的生命特质、尊重“生命机体”的情感价值，同时体现人作为“生命机体”的独特地位。特别是随着机器自身智能化的发展，机器有可能对“生命机体”造成某种负面影响，因此应当注重当代智能机器与“生命机体”之间的协调关系，尽量避免造成对“生命机体”的显性的和隐性的不正当伤害。从以“生机”为逻辑起点的机体哲学视角看，技术上可以实现的模仿和替代，并不一定都应该这么做，机器研发的科学无边界并不一定等同于伦理道德无底线。我们应该为人类的生存保留一席之地，而应当被保留的部分需要通过“生命机体”的独特性展现出来。

第二节 “人工机体”与“社会机体”的协调

机器作为“人工机体”，它的发展同样应当注重与“社会机体”相协调。“社会机体”是人类通过实践活动将机体特性赋予社会组织、机构、家庭等不同社会团体的结果，“社会机体”体现了人类的实践特点和社会特征。机器的演化和发展如果不能与“社会机体”相适应，那么就会引发一系列的社会争议。比如，我们是否应当接纳某些智能机器作为社会组织成员？我们如何处理由机器引发的社会公平正义问题？我们如何应对由机器带来的社会风险和危机事故？对于这些根本性的问题，我们首先要做到的就是机器的设计与使用应当与“社会机体”相协调。

机器的设计与使用涉及社会组织结构中的多个层面，既包括设计者、工程师、生产者、制造者、销售者、终端使用者等，也包括政策制定者、执行者、企业管理者、决策者等（图 7-1）。

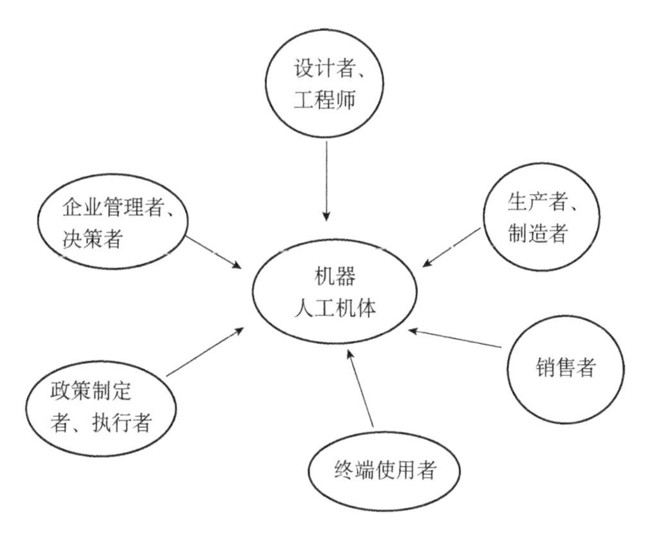

图 7-1 “机器”的利益相关者

注：箭头表示价值方向

从机体哲学的视角看，作为“人工机体”的机器的设计、研发、制造、生产、销售、使用等多个环节都要注重与“社会机体”的协调发展。具体看来，机器与“社会机体”协调发展主要体现在三个方面。

其一，机器的设计与研发应当符合“社会机体”的运行机理，充分考虑“社会机体”中各个利益相关者的价值诉求，不应当追求片面的价值而有损其他的利益相关者。对机器的设计和研发可以采用“价值敏感性设计”①的方法，使机器的设计符合既定的价值规范。在对技术价值的关注方面，人们的认识经历了从起初的经济价值、使用价值等描述性价值，转变为关注健康、安全、可持续发展等规范性价值的过程。现在，部分新兴的理论研究（如道德物化、机器伦理等思想）开始关注机器的道德价值，强调在某些智能机器的设计与研发过程中嵌入道德因素，使这类机器有利于助推“善”的行为。以“价值敏感性设计”为导向的一系列具体措施都强调对机器的设计和研发阶段采取相应的措施，积极关注“社会机体”中不同的利益相关

① Friedman B, Kahn P, Borning A. Value Sensitive Design and Information Systems. Dordrecht: Springer, 2006: 348-372.

者的价值诉求，进而实现各方利益的平衡稳定。

其二，有关机器发展的政策制定和管理应当符合“社会机体”的结构特征，将“社会机体”的结构平衡视为机器管理和销售的首要考虑目标。针对欧盟“2020地平线”（Horizon 2020）计划提出的“智慧、可持续、包容性增长”的主要目标，欧洲国家率先提出了“负责任研究与创新”（responsible research and innovation，RRI）的理论方法，指出社会参与者与发明创新者应当彼此负责任，共同实现创新过程与其市场产品的（伦理的）可接受性、持续性和社会赞许的发展目标①。这一目标的实现需要促进工程师、设计者与伦理学家和社会学家的合作，要在政策制定和执行的层面尽可能同时考虑社会需求和伦理准则。具体的办法可以是对新兴技术展开伦理评估，发现潜在的社会伦理问题，从而通过政策制定的方法，如“预期技术伦理”（anticipatory technology ethics，ATE），缓解或者避免这些问题的发生②。在有关机器发展的政策制定和执行方面，还可以采取事前责任预警和事后责任分配的方法，以实现与“社会机体”的协调发展。伦理学家需要与政策制定者展开有效沟通与协商，明确某些具体的技术产品或者技术方法涉及哪些不同层面的责任问题，尽量通过事前预警的方式避免这些问题，实在无法避免的情况下，也要做到合理的事后责任分配。关于机器的合理政策制定和执行，有助于实现其与“社会机体”的良性互动，促进“社会机体”的结构平衡。

其三，机器的使用与评估需要满足“社会机体”的可持续发展。对于机器的设计和使用需要进行一定的伦理评估、社会评估和环境评估。当前，对某些机器的伦理评估尤为急切，因为很多高度智能的机器已经普遍渗透到社会生活中的各个方面，由此引发的伦理难题更是成为当前亟待解决的重要问题。伦理影响评估（ethical impact

① von Schomberg R. Prospects for Technology Assessment in a Framework of Responsible Research and Innovation. Wiesbaden: VS Verlag für Sozialwissenschaften, 2012: 39-61.

② Brey P. Anticipatory ethics for emerging technologies. Nano Ethics, 2012, 6(1): 1-13.

assessment，EIA）的方法相较于社会影响评估（social impact assessment）和环境影响评估（environment impact assessment），更加注重伦理方面的影响。大卫·莱特（David Wright）将其定义为“一个组织与其利益相关者共同考虑由新项目、新技术、新服务、新程序、新规定等方面引发的伦理问题和伦理影响”[①]。伦理影响评估方法共有六个步骤，具体如图 7-2 所示。伦理影响评估有助于评估智能机器潜在的风险和伦理影响，从而有利于实现智能机器与“社会机体”的可持续发展目标。

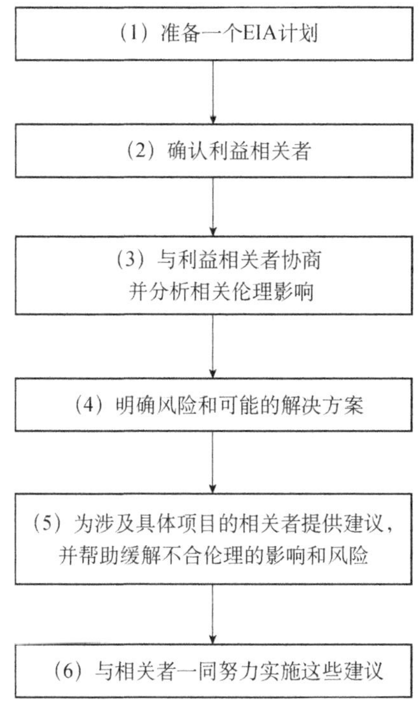

图 7-2 伦理影响评估方法

随着人类将越来越多的机体特性赋予作为“人工机体”的机器，当代机器与“社会机体”的互动更加频繁，各种类型的机器逐渐渗透

① Wright D. Ethical impact assessment//Holbrook J B, Mitcham C, Ethics, Science, Technology and Engineering: A Global Resource (2nd ed.). Farmington Hills: Macmillan Reference, 2014: 163-167.

到社会结构的各个层面。因而，机器的设计、制造、使用、评估等环节都需要符合“社会机体”的运行机理和结构特征，而不应当起到反作用。从以“生机”为逻辑起点的机体哲学视角看，机器作为“人工机体”的发展不能以伤害“社会机体”的利益为代价，应当注重“社会机体”中各个方面的利益相关者的共同利益，以此实现“社会机体”的可持续发展。

第三节 “人工机体”与“精神机体”的协调

机器作为“人工机体”，它的发展还应当注重与“精神机体”相协调。“精神机体”是人类通过实践活动将自身机体特性赋予各种思想事物的结果，“精神机体”既体现在个人的精神文化生活中，也体现在群体的思维特征、思想系统和文化观念之中。当代机器的发展如果不能和“精神机体”相适应、相协调，这不仅会对个体的精神世界有负面影响，而且会对社会的文化生活有所冲击。

机器的发展是否与“精神机体”相适应，首先取决于体现精神有机性的人类是否能够接受这些机器。“接受”在这里是一个有争议的概念，因为对作为“人工机体”的机器的“接受”（acceptance）和“可接受性”（acceptability）是两个不同的问题。“接受”是描述性问题，指的是某些具体的事态（states-of-affairs），这些事态指的是设计者、使用者、管理者等利益相关者接受（accept）某项技术；“可接受性”则指的是规范性问题，即评价或者规定，某项技术具有“可接受性”意味着它满足某些规范性标准，这些标准可以是道德标准、伦理准则、公共价值等[①]。某些机器在实际应用过程中能够被“接受”，并不等同于它们具有“可接受性”。

当代机器的发展要与“精神机体”相协调，这既要求机器的设计过程满足人类的精神需求，也要求机器的使用过程符合“精

---

① van de Poel I. A Coherentist View on the Relation between Social Acceptance and Moral Acceptability of Technology. Berlin: Springer, 2016: 181.

神机体”的可接受性。在机器的设计过程中，设计者要体现将道德反思和社会影响嵌入机器之中的过程，实现技术发展、技术使用和技术设计在社会嵌入过程中的伴随（accompanying）作用[①]。更为重要的是，机器的使用过程需要符合“精神机体”的可接受性。对于某些简单机器，其精神层面的可接受性程度相对较高，比如普遍意义上的基础设施、为了办公需求的电子设备、解决生活需要的各类电子产品等。但是，对于相对复杂和高级的机器，人们对此的社会可接受性（social acceptability）与伦理可接受性（ethical acceptability）则有待于进一步论证。比如，日本学者森政弘（Masahiro Mori）针对人形机器人提出了“恐怖谷”（uncanny valley）理论。该理论指出，“随着机器人和人类相似度的不断提高，在初级阶段，人们会有很强的兴奋感，但是当相似度到达一定程度后反而会出现强烈的抵触和厌恶情绪”[②]。人们对这一类高级的智能技术产品的可接受性仍需要检验，如果在“精神机体”还没有接受某些机器的发展之前贸然地应用和推广这类机器，必然引起社会的恐慌和精神焦虑。

尽管，有一些乐观的技术主义者强调技术发展带来的巨大福祉，如超人类主义者认为“人类的身体能够变得更持久、更健康、更有活力、更容易修复，而且对于各种压力、生物威胁和老龄化进程更具有抵抗力”[③]。但是，机器过度发展所带来的精神负面作用仍然比比皆是，这其实体现出工具理性对价值理性的不加节制的取代。因而，作为“人工机体”的机器与“精神机体”相协调才是其合理的发展方式，机器的研发与应用不应当以伤害人类的“精神机体”为代价，要注重“精神机体”的健康发展。

---

① Verbeek P P. Accompanying technology: Philosophy of technology after the empirical turn. Techné: Research in Philosophy and Technology, 2010, 14(1): 49-54.

② 约瑟夫·巴-科恩，大卫·汉森. 机器人革命：即将到来的机器人时代. 潘俊译. 北京：机械工业出版社，2015：222.

③ Roco M C, Bainbridge W S. Overview//Roco M C, Bainbridge W S. Converging Technologies for Improving Human Performance: Nanotechnology, Biotechnology, Information Technology and Cognitive Science. Dordrecht: Springer, 2003: 1-27.

第四节 “大道”框架中各类“机体”关系的动态稳定

根据机体哲学的思路，人机之间的和谐关系应当体现为作为“生命机体”“社会机体”“精神机体”的人和作为“人工机体”的机器之间的和谐关系。人们很容易接受各类机体必须彼此协调的观念，但对于如何使这种协调具有可操作性，还有很大争议。仅仅调整机器的自身结构和功能指标，或者单纯地限制机器的生产和应用，都难以从根本上解决这一问题。中国传统哲学中对“道”“技”关系的论述，可以为解决这个问题开启新的思路。

中国传统哲学范畴中的“道”，具有非常丰富的思想内涵。“道”的最初含义是“道路”。《说文解字》中对“道”的解释是“从行从首，一达谓之道”[①]。“道”的象形字“上为‘首’，下为‘走’”，表示人们在头脑的支配下由此处走向彼处的过程。人在“道”上要一步一步走，这里蕴含着行走的目的、方向、步骤[②]。因此，“道”的含义被引申为“方法”“途径”“步骤”，涉及“‘先做什么，后做什么，再做什么’这种程序性活动自身的本质特征”[③]。从“道”“技”关系角度看，“道”实际上是各种实践活动中合乎事物自然本性的最合理的、最优化的途径和方法。“道”不仅对各种具体的技术实践活动有引导作用，而且有助于协调技术实践中人与自然的关系、人与社会的关系、人与人的关系以至人的身心关系中的各种矛盾冲突。在中国传统技术发展过程中，伦理道德层面上的“道”“技”关系表现为“以道驭术”，具体指技术行为和技术应用要受伦理原则和道德规范的驾驭或制约[④]。“术”要在“道”的引导之下发展，脱离了“道”的“术”就可能带来各种负面影响。

以道德规范制约技术行为和技术应用的思想，其根源在于中国传统文化所倡导的“天人合一”的价值观。儒家倡导“赞天地之化育”，

---

① 许慎. 说文解字. 北京：中华书局，1963：42.

② 王前. “道”“技”之间——中国文化背景的技术哲学. 北京：人民出版社，2009：10.

③ 王前. “道”“技”之间——中国文化背景的技术哲学. 北京：人民出版社，2009：10.

④ 王前. “道”“技”之间——中国文化背景的技术哲学. 北京：人民出版社，2009：35.

其中“赞”字表明人类的技术活动应该依照自然界的规律，赞助天地的化育过程，使之产生有利于人类生存和发展的结果[①]。儒家“赞天地之化育”的思想既体现了对人的主观能动性的认可，同时又强调人类不能倒行逆施，违背自然规律，只有顺应自然的发展，才能“与天地相参”。先秦儒家强调“术”要以仁为本。在《孟子·告子下》中，孟子批评白圭以邻为壑的治水之术不符合仁道，“禹之治水，水之道也，是故禹以四海为壑。今吾子以邻国为壑。水逆行谓之洚水。洚水者，洪水也，仁人之所恶也”[②]。在儒家看来，技术发展不仅要利国利民，更要具备道德教化的功能，技术要使人向善。北宋张载强调天与人合为一体，不可强分。朱熹从本体论意义上肯定了“天人合一”，并且将追求人与自然的和谐统一作为人的最高目的，只有万事万物各顺其性，才能实现人与自然的和谐发展。

道家倡导“自然”“无为”，指的是按照天地万物的自然本性采取适当的行动，顺应天地万物的发展规律，实现“道法自然”。技术的应用要符合“道”，即符合事物的自然本性。只有使人为设定的技术规程逐步转化为合乎事物自然本性的技术规程，才能真正达到“以道驭术”的境界。道家的技术伦理思想不局限于强调技术活动的社会后果，还涉及所有技术活动要素的和谐。如果人们不恰当的技术活动破坏了技术活动各要素之间的和谐，在道家看来就是“失德”，这种技术也应当被摒弃[③]。墨家主张“兼利天下”的技术伦理思想。在《墨子·公输》的名篇中，墨子曾批评公输班制造云梯帮助楚国攻打宋国，“宋无罪而攻之，不可谓仁；知而不争，不可谓忠；争而不得，不可谓强。义杀少而不杀众，不可谓知类。”（《墨子·公输》卷十三）墨子反对利用技术做不道德的事，技术应当有利于天下，而非作恶于百姓。

按照中国古代哲学的理解，将“道”理解为合乎事物自然本性的最合理的、最优化的途径和方法，并不只限于各种“术”的操作过

---

① 王前. 中国科技伦理史纲. 北京：人民出版社，2006：25.

② 孟子. 孟子. 王立民译评. 长春：吉林文史出版社，2004：208.

③ 王前. “以道驭术”——我国先秦时期的技术伦理及其现代意义. 自然辩证法通讯，2008，30（1）：8-14.

程，也不只表现为“满足省力、优质、高效等技术指标”，因为这样的“道”还只是“小道”[①]。“以道驭术”之中的“道”既是“天之道”，也是“人之道”，是“大道”。从以“生机”为逻辑起点的机体哲学视角看，“大道”是“生命机体”“人工机体”“社会机体”“精神机体”和谐共生的状态，即“对各种类型机体关系在整体上最合理、最优化的把握”[②]。

机体哲学视角下的“大道”对于协调各类型“机体”之间的动态稳定，实现当代人机关系的和谐发展具有重要的启示意义。李约瑟在分析中国传统哲学时，十分重视其中的天人和谐的观念，并将其概括为“有机自然主义”[③]。他在说到中国人对自然界的态度时说：“关键的字眼始终是‘和谐’。古代中国人在整个自然界寻求秩序与和谐，并将此作为一切人类关系的理想。”[④]“如果事物不以那些特定的方式而运行，它们就会丧失它们在整体之中相对关系的地位（这种地位使得它们成其为它们），而变成为与自己不同的某种东西。因此，它们是有赖于整个世界有机体而存在的一部分。”[⑤]当代人机关系的发展经历了由相互依赖、相互渗透到相互嵌入的过程，随着人机交互的深入，人与机器之间的界限开始模糊，并由此导致了一系列哲学和伦理学的新问题。在“大道”引导下实现当代人机关系的和谐发展，一方面要合理定位机器在人机关系中的发展模式和发展速度，不能使机器的发展成为不合理地操纵“生命机体”“社会机体”“精神机体”的手段。机器的发展规模和发展速度要与其他类型“机体”的发展规模和速度相适应，一旦机器的发展规模过大或者发展速度过快，那么就会造成对人的生理机能、社会机能和精神机能的负面影响，这种情况就需要在“大道”的引导下进行适当的干预和调整。在“大道”的引导下，为了

---

① 王前. 生机的意蕴——中国文化背景的机体哲学. 北京：人民出版社，2017：252.

② 王前. 生机的意蕴——中国文化背景的机体哲学. 北京：人民出版社，2017：252.

③ 李约瑟. 李约瑟中国科学技术史：第二卷　科学思想史. 北京：科学出版社，上海：上海古籍出版社，1990：619.

④ 李约瑟. 李约瑟文集. 潘吉星主编. 沈阳：辽宁科学技术出版社，1986：338-341.

⑤ 李约瑟. 李约瑟中国科学技术史：第二卷　科学思想史. 北京：科学出版社，上海：上海古籍出版社，1990：305.

促进人机关系的和谐发展，另一方面还需要积极主动调整其他类型“机体”的发展模式。比如说，当代机器的设计和使用要适应人类的生理特征和心理特征，同时人的身体和思维也要积极主动地接纳某些新的机器，配合机器的改造和升级。社会机构和组织也应当适当调整管理模式和生产模式，善于利用机器的优势，但同时要注重机构或组织内部人与机器之间的和谐关系。在以“天人合一”为核心的“大道”框架中，各种类型“机体”之间关系的动态稳定是解决当代人机关系中种种复杂关系问题的根本途径，这要求作为“人工机体”的机器的发展要与其他类型的“机体”相协调，实现动态调整（图 7-3）。作为“人工机体”的机器的发展不能以对“生命机体”“社会机体”“精神机体”的伤害为代价，不能以违背“天人合一”的“大道”原则为代价，因为技术上能做的事情并不都是该做的事情。以中国文化为背景的机体哲学思想，对解决当代社会中的人机关系问题具有重要的启发和引领作用，人机关系的未来发展应该使人类社会生活更加美好、更加和谐、更有活力，而不是带来更多的烦恼和冲突。

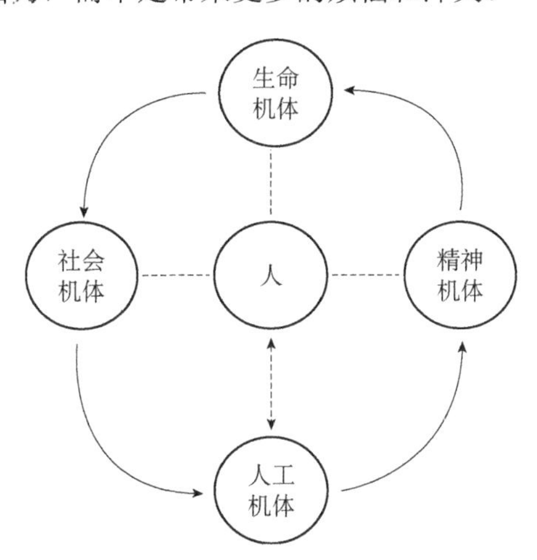

图 7-3　各种类型机体之间关系的动态稳定

在机体哲学的视域中考察人与机器的关系，最终不是将机器理解为与人对立的他者，而是将机器理解为与人有着共同的机体特征的存在物，将人机关系纳入“生命机体”“社会机体”“精神机体”与“人工机体”相互作用的统一框架里加以考察，在这种思想背景下，中国传统文化的“大道”才显现出特有的理论意义和现实价值。“大道”不仅指引了中国传统文化持续的、充满活力的发展，也能够对解决当代人类社会重大现实问题发挥重要的引导作用。特别是在人工智能研究和应用蓬勃发展的今天，人们对人与机器之间相互依赖、相互渗透、相互嵌入的关系特征极为关注，在相关的伦理、法律和社会管理问题层出不穷的时代，重温“大道”提供的思想资源和实践智慧，更显得非常及时、非常必要。

第八章　结论与展望

在人类的发明史中，机器占据着重要的地位。机器的发展先后经历了手工工具、近代机器和信息化智能机器的不同阶段。与之对应的是人与机器之间的关系的变化，从古代时期人与手工工具之间的关系，到近代以来人与工业化机器之间的关系，再到当代社会中人与智能机器之间的关系。在当代社会中，人与机器之间既有相互对立的一面，也有相互适应以至相互嵌入的一面。因而，人与机器之间的复杂而多变的关系成为当代技术哲学亟须思考与解释的重要问题。在当前的技术哲学流派中，既有从一般技术人工物的结构与功能入手，倡导打开技术的“黑箱”，从而探究作为技术客体的人工物如何被作为技术主体的人类设计与使用的相关研究；也有从人工物的社会道德影响出发，探究人与人工物的互动中人工物如何表征或展现了人类的意向需求的相关研究。在当代的技术哲学思想中，对于人机关系的未来发展走向，既有持乐观主义态度的超人类主义思潮，也有持悲观主义态度的技术批判思潮。这些已有的思想都从不同的侧面反思了人与技术、人与技术人工物之间的复杂关系，然而却缺少一种从整体上反思人机关系之所以如此复杂和多变的深层次原因的思路。基于此，本书试图建构一种以“生机”为逻辑起点的机体哲学的研究思路，用以反思当代人机关系种种问题的深层次原因，从而为人们认识自身的技术行为提供一种新的哲学思考维度。

机体哲学研究是对各种机体结构、功能和演化规律的哲学反思。不同于以怀特海为代表的西方机体哲学思想，以“生机”为逻辑起点的机体哲学思想将“生机”作为机体的本质特性。“生机”表现为“能够以较小的投入取得显著收益的生长壮大态势”。“生机”不仅存在于

“生命机体”之中，而且通过人类的实践活动，也被赋予“社会机体”“精神机体”“人工机体”之中。机体哲学视野中的人机关系实际上是作为“生命机体”“社会机体”“精神机体”的人与作为“人工机体”的机器之间的关系。将人机关系从传统的人与机器之间的二维关系，扩展到“生命机体”“社会机体”“精神机体”“人工机体”之间的四维关系，是机体哲学视角中反思人机关系的出发点。本书从机体哲学视角反思当代人机关系的现状与成因，尝试着回答了以下三个主要问题。

第一个问题是：从机体哲学的视角看，当代人机关系的结构特征是什么？人机关系的历史演变过程，先后经历了由古代时期的相对紧密到近代工业革命之后的相对疏离，再到现代信息化社会的重新融合，不同类型的“机体”之间表现出不同的相互作用方式和结果。在当代社会中，各种类型“机体”之间的作用更加复杂，人机关系表现出“相互依赖”“相互渗透”“相互嵌入”的递进式结构特征。这种结构特征是当代人机关系的新特征，反映出“生命机体”“社会机体”“精神机体”“人工机体”之间逐渐杂糅的复杂关系。并且，当代人机关系的新特征也带来了新的哲学问题，这不仅模糊了人与机器在本体论层面的传统界限，而且带来了人类在认识世界与改造世界过程中新的意向融合与多元价值问题，甚至造成了机器在使用中出现某些“异化”现象。

接下来的第二个问题是：为什么当代人机关系呈现出“相互依赖”“相互渗透”“相互嵌入”的结构特征？从机体哲学视角看，当代社会中的人机关系之所以呈现出这些特征，是因为人类在实践活动中将“生命机体”“社会机体”“精神机体”中的机体特性不断地赋予作为“人工机体”的机器，使其实现了功能转移、意向转移和责任转移。首先是功能的转移。人类先后将肢体功能、感官功能、思维功能和道德决策功能赋予作为“人工机体”的机器，造成了机器功能由简单到复杂、由局部到整体、由低级到高级的变化。其次是意向的转移。作为“人工机体”的机器体现了人类的意向需求，即在机器的使用环节、设计环节和解释环节中不断赋予机器以意向因素，以实现用更加省力的方式获取更为显著的效益的目的。最后是责任的转移。人类在技术实践中不断地将自身的责任属性赋予作为“人工机体”的机器，使其在不同程度上承担了道德的角色责任、间接的道德责任以及积极的预防责任。人类将功能、意向和责任赋予机器的过程，同时伴随着作为“人工机体”的机器对人类的“生命机体”“社会机体”“精神机体”的反向作用。不同类型“机体”之间相互渗透和嵌入出现的新特点，是当代人机关系复杂多变的根源。

由此探讨的第三个问题是：当代人机关系的新特征带来了哪些新的伦理问题，以及从机体哲学的视角出发有哪些应对这些问题的对策？当代人机关系的复杂化引发了一系列伦理问题，包括人机之间的伦理风险问题、伦理决策问题、伦理能动问题，以及伦理学根基面临的新挑战等。从机体哲学视角出发，这些伦理问题和挑战是因为不同类型“机体”之间的发展不同步、不协调。特别是作为“人工机体”的机器的过快发展，给“生命机体”“社会机体”“精神机体”带来了不同程度的影响和负面作用。因此，如果人机关系的演化会危害“生命机体”“社会机体”“精神机体”的健康发展，那么就应该对其加以相应的伦理约束。作为“人工机体”的机器的智能化发展本身不应当设定固定不变的限制，但是作为“人工机体”的机器的发展必须与“生命机体”“社会机体”“精神机体”相协调。从中国传统文化中的“大道”观点出发，四种类型的“机体”应当实现动态稳定的发展目标。

因此，在以机体哲学视角对当代人机关系的反思过程中，本书得出了这样的结论：人机关系实际上是“生命机体”、“社会机体”、“精神机体”的人和作为“人工机体”的机器之间相互促进和相互制约的关系，四种类型“机体”之间的动态稳定发展模式是当代人机关系所应当追寻的可靠的、适宜的、恰当的关系，只有这样才能实现人与技术之间充分的和谐统一。

纵观技术哲学的思想史，人机关系一直是其中值得反思的主题之一。广义上看，人机关系包括了很多方面的问题，比如人机交互、脑机接口、人工智能等。本书是从广泛的意义上探究人机关系的，但是内嵌于人机关系之中的哲学主题至少还有两个方面的分支：一是将机器的特征嵌入人类的有机系统之中成为“赛博格”，这同时涉及人类增强（human enhancement）技术、虚拟现实技术、增强现实（augmented reality）技术、智能芯片等问题；二是将人类的特征嵌入机器系统之中从而制造机器人。随着机器人被应用到多种领域中，随之而产生的军事机器人、医疗机器人、人形机器人、无人驾驶汽车等不同类别的机器人，都引起了一定意义上的哲学反思。这些都可以被纳入人机关系的研究框架之中，但是这些分支议题却都有着自身的独特性。因而，接下来的一个可能的研究方向是厘清人机关系中的不同分支议题，分析其中的普遍性与特殊性，从而更加清晰地展现人机关系的发展谱系与未来方向。

另外，对人机关系的哲学反思也存在着不同的方法与视角。比如，现象学技术哲学、科学技术与社会研究方法、经验转向视角下的技术哲学、实用主义的技术哲学、解释学的技术哲学、非实在论的技术哲学等。本书采用了机体哲学作为研究视角，是在吸收以上不同技术哲学思想的精髓的基础之上，借鉴了以莱布尼茨、怀特海、约纳斯等为代表的西方机体哲学思想，进而建构了以“生机”为核心的机体哲学类型论。机体哲学所建构的“生命机体”“人工机体”“社会机体”“精神机体”这四种类型“机体”相互促进和相互制约的关系，不仅可以用来解释人机关系这个特殊的领域，而且同样适用于技术哲学研究的其他领域。因此，接下来的另一个可能的研究方向是，将以“生机”为逻辑起点的机体哲学运用到技术哲学研究的更多领域，不仅使其能够更好地解释当今技术发展的具体问题，而且使具有中国文化特色的机体哲学在全球化时代背景下更好地发挥促进科技与社会协调发展的实际价值。

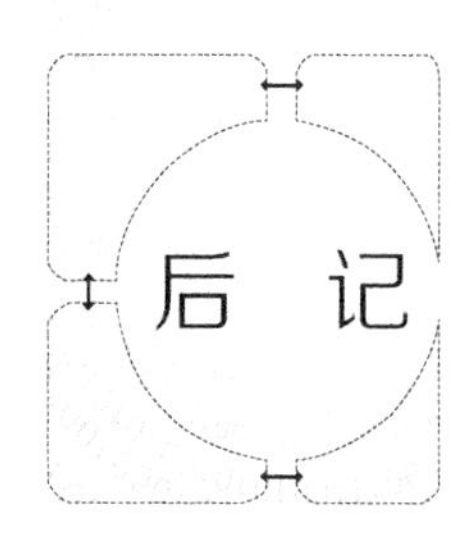

后记

本书是在我的博士学位论文基础上进行了较大修改并完善而成的，是我的第一部学术专著。选择“人机关系”作为我的研究方向始于 2007 年，彼时我刚刚进入大连理工大学人文与社会科学学部，有幸学习了王前教授的“中西文化比较概论”课程，课堂上王前教授关于“机体”与“机器”的比较分析给我留下了深刻印象。自此，人与机器的关系就成为我时刻思考的问题。

2011 年进入硕士学习阶段后，我就开始尝试着将自己的思考写成文章，在王老师的指导下，我在《自然辩证法研究》期刊上发表了第一篇学术论文《机体主义视角的技术哲学探析》，尝试着从机体主义的视角梳理技术哲学的发展脉络，随后又发表了《西方机体哲学的类型分析及其现代意义》等论文。这一时期，我对机体哲学的理解仍然停留在中西方关于机体哲学的不同流派之争上。

2013 年进入博士学习阶段后，我的博士学位论文选题方向确定为“以机体哲学的视角剖析当代人机关系”，在对当代人机关系的现实争议展开剖析时，我认识到传统的机体哲学思想（如怀特海、约纳斯等的思想）难以回应当前人机关系的现实矛盾，这促使我重新思考机体哲学的真正内涵。在王老师的建议下，我重新阅读了大量中西方机体哲学文献，又与王老师反复商榷，决定从中国传统文化中的“幾”入手重新理解机体哲学，并于 2017 年在《科学技术哲学研究》期刊上发表了学术论文《人机关系：基于中国文化的机体哲学分析》，这篇文章奠定了我之后博士学位论文的写作思路，是我从机体哲学视角分析人机关系的第一次系统性尝试。这篇文章后来被《中国社会科学文摘》全文转载，又于2021年6月获得辽宁省第八届哲学社会科学奖·成果奖一等奖，这也是对该研究思路的一个肯定。

我选择从中国文化的视角理解机体哲学得益于王前教授对机体哲学的建构，王老师从2002年前后就开始从中国古代文化的精髓中思考技术哲学问题，不仅出版了《"道""技"之间——中国文化背景的技术哲学》《中国科技伦理史纲》等专著，而且发表了《中国传统的有机论思想》《"由技至道"——中国传统的技术哲学理念》《略论中国传统技术思想及其现代影响》等论文。自2013年起，王老师将研究的重心放在了机体哲学上，先后发表了一系列论文，包括《关于"机"的哲学思考》《机体哲学论纲》《以"生机"为逻辑起点的机体哲学探析》《机体哲学研究的当代价值》等。2017年，王前教授的学术专著《生机的意蕴——中国文化背景的机体哲学》正式出版，该书凝聚了王老师多年来关于机体哲学的思想精华，也成为本书的立论起点。王老师在该书中提出，以"生机"为逻辑起点的机体可以分为四种类型，"生命机体""精神机体""社会机体""人工机体"。正是基于这种机体类型的划分，我将人机关系理解为作为"生命机体""精神机体""社会机体"耦合的人与作为"人工机体"的机器之间的深刻关系，这种理解使得本书呈现出一种独特的视角，试图从不同类型的机体之间的互动关系角度深刻理解当代社会中的人与机器。

2017年底，我顺利通过博士学位论文答辩，并入职大连理工大学人文与社会科学学部哲学系，开始了新一轮的学术奋斗之路。2018年，我在博士学位论文的基础上，将其中关于人机关系的剖析置于当前人工智能迅猛发展的时代背景下，申请了国家社会科学基金"人工智能时代的人机关系哲学研究"，并有幸获批。基于此，我将现阶段研究方向锁定为"人机关系"，并计划开展持续性的研究工作。本书的出版将成为我在回应"人机关系"问题上的又一次尝试。

本书写作过程中得到了学术界很多专家、前辈的大力帮助，在此表示衷心的谢意。特别感谢荷兰代尔夫特理工大学的尤伦·霍温（M. Jeroen van den Hoven）教授和彼得·弗玛斯（Pieter Vermaas）副教授，他们是我在联合培养期间的导师。在荷兰求学期间，霍温教授和弗玛斯副教授多次与我讨论机体哲学，并且引导我思考基于中国传统文化的机体哲学与西方当代心灵哲学之间的隐蔽联系。感谢美国著名技术哲学家卡尔·米切姆教授，我在读书期间曾多次与米切姆教授交谈，米切姆教授对我的论文提出了很多重要的建议，特别是关于怀特海与约纳斯机体哲学思想的比较研究就得益于米切姆教授的提点。此外，还要感谢在国内外学术会议上给予我中肯建议的专家学者，我曾以“Analysis on Human-Machine-Relations (HMRs) from the Perspective of Chinese Philosophy of Organism”为题在 2019 年的国际技术哲学学会（The Society for Philosophy and Technology，SPT）年会上做了报告，也曾在国内举办的学术会议中报告过相关研究成果，与会专家学者的建议也对本书有着重要的启发和帮助。

最后，我还要衷心感谢大连理工大学人文与社会科学学部的领导，以及科技伦理与科技管理研究中心和大数据与人工智能法律伦理社会研究中心对本书研究的大力支持，特别感谢国家社会科学基金重大项目“大数据环境下信息价值开发的伦理约束机制研究”（17ZDA023）对本书研究的支持，感谢“互联网、大数据与人工智能伦理丛书”主编李伦教授将本书收录至丛书中。衷心感谢大连理工大学人文与社会科学学部各位老师的支持和帮助，衷心感谢科学出版社邹聪编辑等对本书的严谨校对。由于个人能力有限，书中尚存一些不足和值得推敲之处，还望各位专家、老师和读者批评指正。

于 雪

2022 年元旦于大连